Annette Schmitt

Russell Terrier

Premium Ratgeber

unter Mitarbeit von
Susanne Schmitt

bede bei Ulmer

Inhalt

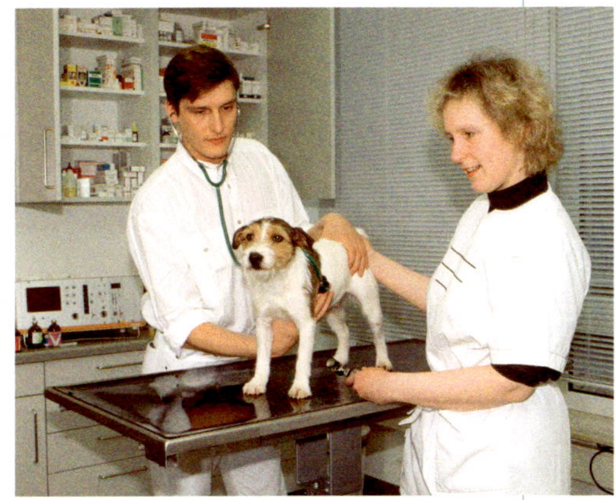

Von den Ursprüngen zur Reinzucht

Die Russell Terrier wurden Anfang des 19. Jahrhunderts von dem englischen Pfarrer John „Jack" Russell speziell für die Jagd geschaffen.

Als Begründer der Russell Terrier gilt der englische Pfarrer John (Spitzname „Jack") Russell, der 1795 in Darthmouth (Grafschaft Devon) geboren wurde. Den größten Teil seines Lebens verbrachte der Reverend (in England auch „Parson" genannt) in Swymbridge und dort mehr Zeit jagend im Sattel eines Pferdes als auf der Kanzel. Bereits während seiner Stundentenzeit in Oxford begann der jagdbegeisterte Geistliche, Terrier zu züchten. Seine erste Hündin hieß „Trump"; angeblich kaufte er sie seinem Milchmann ab. Mit einer weißen Grundfarbe und wenigen „bunten" Flecken, dicht anliegendem Fell, pfeilgeraden Beinen und perfekten Pfoten sowie einer Gestalt, die Unerschrockenheit und Ausdauer zeigte, war sie für den Pastor rein äußerlich der Prototyp des Terriers, den Russell anstrebte, obwohl „Trump" arbeitstechnisch wohl noch nicht ganz die erhofften Leistungen zeigte. Die Hündin hatte in etwa das Gewicht und die Größe einer ausgewachsenen Fähe (= weiblicher Fuchs). Sie entsprach bereits weitgehend dem heutigen Standard des Parson Russell Terriers und gilt als Stammmutter der Rasse. Zu sehen ist „Trump" auf einem Gemälde der Queen, das in der Sattelkammer von Schloss Sandringham hängt.

Der Reverend bereiste das ganze Land, um an diverse, bunt-gefleckte Arbeitsterrier für seine Zucht zu kommen.

Um seinen Terriertyp zu perfektionieren, kaufte der Reverend von überall her diverse, buntgefleckte Arbeitsterrier und züchtete mit ihnen. Vorwiegend bezog er seine Zuchthunde aus den Jagdzwingern in Devon und New Forest. Er unternahm aber auch weitere Reisen, um an bodenständige Terrier für seine Zucht zu gelangen, was zur damaligen Zeit eher ungewöhnlich war. 1826 heiratete er die reiche Penelope Bury, die sehr viel Land und Geld mit in die Ehe brachte, wodurch er seine Hobbys, die Hundezucht und die Jagd zu Pferde, noch besser pflegen konnte.

Der Gentleman unter den Terriern

Eine Parforce-Jagd, bei der Foxhound-Meuten den Fuchs jagten, begleitete immer auch ein Terrier, der einen eventuell schlafenden Fuchs aus dem Bau heraussprengen musste, damit die Jagd weitergehen konnte. Die zu dieser Zeit in England weit verbreiteten Bulldoggen-Terrier-Kreuzungen erwiesen sich

Als Stammmutter gilt die Hündin „Trump", die äußerlich dem heutigen Parson Russell Terrier schon sehr nahe kam.

Der britische Geistliche strebte einzig und allein perfekte Gebrauchseigenschaften seiner Hunde an, ein einheitliches Äußeres war für ihn zweitrangig.

Kurzzeitig wurden sogar Beagle, Corgies und Bullterrier in die Rasse mit eingekreuzt.

hierfür jedoch als ungeeignet, weil sie aufgrund ihrer Bissigkeit und Schärfe den Fuchs oft schwer verletzten. Deshalb züchtete Pastor Russell einen Terrierschlag, der nicht ganz so rigoros vorging, sondern dem versteckten Fuchs lediglich Beine machte, was ihm auch den Ruf des „Gentleman unter den Terriern" einbrachte. Zudem mussten die Läufe der Hunde lang genug sein, um den Pferden folgen zu können; trotzdem durften die Vierbeiner nicht zu groß und zu schwer sein, damit sie noch im Stande waren, eine erfolgreiche Bauarbeit zu leisten. Ausdauer, Zähigkeit, Mut und Unerschrockenheit waren ebenfalls wichtige Kriterien für einen guten Bauhund. An einem Rassestandard für seine Hunde war der Gottesmann nie interessiert, obwohl er Gründungsmitglied des Britischen Kennel Clubs (1873), ein ausgewiesener Experte in Sachen Hundezucht und ein geschätzter Foxhound-Richter war. Für ihn zählten einzig und allein die Gebrauchseigenschaften der Terrier, weshalb die Hunde auch nach seinem Tod im Jahre 1883 nur „working terrier" (= Arbeitsterrier) genannt wurden. Den Namen des Pastors bekamen die Vierbeiner erst mehr als hundert Jahre später zugewiesen.

Gescheckte Terrier in allen Variationen

Auch nach dem Ableben des Reverends blühte die Zucht der gescheckten Terrier auf Reiterhöfen und innerhalb der Jägerschaft. Zunächst jedoch nur in England, aber ab etwa 1930 dann auch auf dem Kontinent, allerdings nach wie vor ohne eine äußere Vereinheitlichung anzustreben. Sogar andere Rassen wie Corgies, Bullterrier und Beagles wurden eingekreuzt, jedoch nur kurzzeitig, da sich keinerlei positive Auswirkungen auf die Arbeitsleistung der jagenden Vierbeiner feststellen ließen. Ab

Früher wurde die Rute der Terrier kupiert; lediglich ein Stummel musste verbleiben, um im Bau steckengebliebene Hunde wieder herausziehen zu können.

den 1930er-Jahren wurden diese bunten Hunde ganz allgemein „Jack Russell Terrier" genannt. In die Fußstapfen von Reverend Russell traten Arthur Heinemann und Alys Serrell; ihnen waren die um die Jahrhundertwende modernen Foxterrier zu schlank, zu hochbeinig und zu schmalschädelig.

Ihren züchterischen Bemühungen schlossen sich viele weitere Jack-Russell-Fans an und so züchteten Anhänger des Pastors aus Devonshire in und mit seinem Namen teilweise recht merkwürdig aussehende Hunde. Das Erscheinungsbild dieser Terrier hätte damals nicht unterschiedlicher sein können. So gab es hoch- und niederläufige Terrier mit Steh-, Kipp- oder Schlappohren. Und auch die Fellart variierte zwischen kurz- und drahthaarig. Lediglich die Rute wurde bei allen Vertretern bis auf Stummellänge abgeschnitten, schließlich benötigte man einen „Griff", um steckengebliebene Hunde auch aus dem Bau ziehen zu können. Seit 1998 herrscht jedoch Kupierverbot, sodass die Terrier nun ihre volle Rutenlänge zeigen dürfen.

Erst 2001 erkannte die FCI die hochbeinige Variante offiziell als „Parson Russell Terrier" an.

Der kurzbeinige Jack Russell Terrier ist hierzulande wesentlich anzutreffen als sein größerer Bruder.

Terrier-Rennen

Neben der Baujagd kommen Russell Terrier in England auch immer wieder bei Terrier-Rennen zum Einsatz, die bei keiner Zuchtschau für Working-Terrier fehlen dürfen. Für Zwei- und Vierbeiner ist dies stets ein großer Spaß, der viel Action verspricht. Die Hunde starten aus speziellen Startboxen. „Lockvogel" ist ein Stück Fell, das in Windeseile vor den Hunden die Strecke entlang gezogen wird. Sieger ist der Terrier, der dieser Beute als erster durchs Ziel folgt.

Vereinheitlichung beider Schläge

Erst seit 1986 wird auf äußere Merkmale hin selektiert. In diesem Jahr gründete sich auch der Parson Russell Terrier Club Deutschland e.V., der seitdem zuchtbuchführender Verein für den Parson Russell Terrier (PRT) ist. Eine seitdem vorgeschriebene Zuchttauglichkeitsprüfung hat wesentlich zur Vereinheitlichung der Rasse beigetragen. 1990 erfolgte schließlich die Anerkennung des hochbeinigen Terriers unter dem Namen „Parson Jack Russell Terrier" durch den englischen Kennel Club und die Festlegung eines offiziellen Standards. Noch im selben Jahr beschloss die FCI die vorläufige Anerkennung der Rasse. Der Kennel Club gab den Hunden 1999 den jetzigen Rassenamen „Parson Russell Terrier" (PRT). Zwei Jahre später wurde die Rasse endgültig von der FCI anerkannt. Die kurzbeinige Variante setzte sich vor allem auf Reiterhöfen durch und galt dort seit jeher auch als praktischer Rattenfänger. Für den etwas „tiefer gelegten" Terriertyp reichte Australien 2001 einen Standard unter dem Rassenamen „Jack Russell Terrier" (JRT) bei der FCI ein. Die offizielle Rasseanerkennung des JRT erfolgte im Jahr 2004. Inzwischen sind beide Rassen klar voneinander abgegrenzt. So ist der PRT mit einer Schulterhöhe von etwa 35 cm ein mittelgroßer Terrier, während der JRT ein noch handlicheres Format von 25–30 cm Höhe und einem Gewicht von 5–6 kg hat. PRT und JRT weisen ein glattes, rau- oder stichelhaariges Haarkleid auf. Beide Typen eignen sich immer noch hervorragend für den Jagdeinsatz, obwohl die reinen Familien-Russells hierzulande eindeutig überwiegen. Der hochläufige Parson Russell Terrier ist inzwischen im Vergleich zu seinem kleineren Bruder zu einem richtigen Modehund geworden. So verzeichnete die Welpenstatistik des VDH für das Jahr 2008 an die 1070 PRT-Eintragungen, während im selben Jahr nur 218 JRT-Welpen fielen, Tendenz jedoch steigend. Bleibt nur zu hoffen, dass dieser Trend dem Parson Russell Terrier auf Dauer nicht schadet.

Bei jeder Zuchtschau für Working-Terrier werden in England Terrier-Rennen veranstaltet, die für alle Beteiligten ein großer Spaß sind.

Rassestandard

Bei Jagdgebrauchshunden ist das Kupieren der Rute erlaubt, um Verletzungen bei der Arbeit zu verhindern.

Im Standard ist festgehalten, wie ein perfekter Hund einer Rasse auszusehen hat. Aber auch ein kurzer Einblick in Veranlagung und Wesen wird darin gegeben.

Jack Russell Terrier
FCI-Standard Nr. 345/09.08.2004/D
Übersetzung Elke Peper

Ursprung England
Entwicklung Australien
Datum der Publikation des gültigen Originalstandards 25.10.2000
Verwendung Ein guter Arbeitsterrier mit der Fähigkeit, einzuschliefen; ausgezeichneter Begleithund.

Klassifikation FCI Gruppe 3 Terrier. Sektion 2 Niederläufige Terrier. Mit Arbeitsprüfung.
Kurzer historischer Abriss Der Jack Russell Terrier entstand in den Jahren nach 1800 in England dank der Bemühungen des Reverend John Russell. Er entwickelte eine Linie von Fox Terriern, die mit seinen Fox Hounds laufen und unterirdisch Füchse und andere Beutetiere aus ihren Bauten sprengen konnten. Es entwickelten sich zwei Varietäten mit in ihren Grundzügen ähnlichen Standards, jedoch einigen Unterschieden vor allem in der Größe und den Proportionen. Der größere, quadratischer gebaute Hund ist als der „Parson Russell Terrier" bekannt, der kleinere, etwas länger proportionierte Hund ist der „Jack Russell Terrier".

Allgemeines Erscheinungsbild Ein kräftiger, lebhafter und geschmeidiger Arbeitsterrier mit gutem Charakter und beweglichem, mittellangem Gebäude. Seine flinken Bewegungen unterstreichen seinen durchdringenden, eifrigen Ausdruck. Das Kupieren der Rute ist freigestellt (Anmerkung: in Deutschland ist es seit 1998 untersagt. Hunde jedoch, die im Jagdgebrauch stehen, dürfen nach wie vor kupiert werden, damit sie sich bei der Arbeit

Die Russell Terrier wurden speziell für die Baujagd auf Füchse und andere Beutetiere gezüchtet.

Laut Standard zeigt sich der Jack Russell Terrier lebhaft, wachsam, kühn und furchtlos.

nicht verletzen); er kann glatt-, rau- oder stichelhaarig sein.

Wichtige Proportionen Der Hund ist insgesamt länger als hoch.
Die Tiefe des Körpers vom Widerrist bis zur Unterseite des vorderen Brustkorbs sollte gleich der Länge der Vorderläufe vom Ellbogen bis zum Boden sein.
Der Umfang des Brustkorbs unmittelbar hinter den Ellbogen sollte 40–43 cm betragen.

Verhalten/Charakter Ein lebhafter, wachsamer, aktiver Terrier mit durchdringendem, intelligentem Ausdruck. Kühn und furchtlos, freundlich mit ruhigem Selbstvertrauen.

Kopf – Oberkopf
Schädel Der Schädel sollte flach und mäßig breit sein, allmählich zu den Augen hin schmaler werden und sich zu einem breiten Vorgesicht verjüngen.
Stopp Gut ausgeprägt, aber nicht zu stark betont.

Gesichtsschädel
Nasenschwamm Schwarz.
Fang Die Länge des Fangs vom Stopp bis zur Nase sollte etwas kürzer sein als die vom Stopp zum Hinterhauptstachel.
Lefzen Straff anliegend und schwarz pigmentiert.
Kiefer/Zähne Sehr stark, tief, breit und kraftvoll. Kräftige Zähne mit Scherenschluss.
Augen Klein, dunkel, mit durchdringendem Ausdruck. Dürfen keinesfalls vorstehen. Die Augenlider sollten straff anliegen, die Lidränder schwarz pigmentiert sein. Mandelförmig.
Ohren Sehr bewegliche Knopf- oder Hängeohren von guter Textur des Ohrleders.
Backen Backenmuskulatur gut entwickelt.
Hals Kräftig und klar umrissen, den Kopf in aufrechter Haltung tragend.

Das Gangwerk eines Jack Russells soll geradlinig, frei und federnd sein.

Bei einem standardkonformen Jack Russell Terrier muss Weiß die vorherrschende Farbe sein.

Körper

Allgemein Rechteckig.

Rücken Gerade. Die Länge vom Widerrist bis zum Rutenansatz übertrifft etwas die Widerristhöhe.

Lendenpartie Kurz, kräftig und bis tief hinunter ausgeprägt bemuskelt.

Brust Eher tief als breit, mit gutem Bodenabstand, wobei das Brustbein sich in der Mitte zwischen dem Boden und dem Widerrist befindet. Die Rippen sollten am Ansatz der Wirbelsäule gut gewölbt sein und zu den Seiten hin flacher werden, sodass der Brustkorb hinter den Ellbogen mit zwei Händen umspannt werden kann – im Umfang 40–43 cm.

Brustbein Die Brustbeinspitze ist deutlich vor dem Buggelenk platziert.

Rute Darf in der Ruhe herabhängen, sollte in der Bewegung aufrecht getragen werden. Wenn kupiert, reicht die Rutenspitze bis zur Höhe der Ohren.

Gliedmaßen

Schultern Gut zurückliegend, nicht mit Muskeln überladen.

Vorderläufe Gerade Knochen von den Ellbogen bis zu den Zehen, sowohl von vorn als auch von der Seite gesehen.

Oberarm Von angemessener Länge und Winkelung, sodass die Ellbogen gut unter dem Körper platziert sind.

Hinterhand Kräftig und muskulös, in ausgewogenem Verhältnis zu den Schultern stehend.

Kniegelenk Gut gewinkelt.

Hintermittelfuß Im freien Stand von hinten gesehen parallel.

Sprunggelenk Tief stehend.

Pfoten Rund, mit harten Ballen, nicht groß, mäßig gewölbte Zehen; weder nach innen noch nach außen gestellt.

Gangwerk/Bewegung Geradlinig, frei und federnd.

Haarkleid

Haar Kann glatt-, rau- oder auch stichelhaarig sein. Muss wetterfest sein. Das Haar sollte nicht verändert (also geschoren) werden, um es glatt- oder stichelhaarig wirken zu lassen.

Farbe Weiß MUSS vorherrschen mit schwarzen und/oder lohfarbenen Abzeichen in allen Schattierungen vom hellsten bis hin zum sattesten Loh (Kastanienbraun).

Der typische durchdringende Augenausdruck ist bereits bei Welpen zu erkennen.

Jack Russell Terrier haben einen rechteckigen Körperbau mit einem ganz geraden Rücken.

Ausgewachsen ist ein JRT 25 bis 30 cm hoch. Sein Idealgewicht sollte dann bei 5 bis 6 kg liegen.

Größe und Gewicht
Ideale Widerristhöhe 25–30 cm
Gewicht Jeweils 1 kg pro 5 cm Widerristhöhe, d. h. ein 25 cm großer Hund sollte etwa 5 kg wiegen und ein 30 cm großer Hund 6 kg.

Fehler
Jede Abweichung von den vorgenannten Punkten sollte als Fehler angesehen werden, dessen Bewertung in genauem Verhältnis zum Grad der Abweichung stehen sollte und dessen Einfluss auf die Gesundheit und das Wohlbefinden des Hundes zu beachten ist.

Nachfolgend genannte Mängel sollten jedoch besonders geahndet werden
- Mangel an typischen Terrier-Eigenschaften.
- Mangel an Harmonie, d. h. übertriebene Ausprägung irgendwelcher Merkmale.
- Kraftlose oder fehlerhafte Bewegung.
- Fehlerhaftes Gebiss.

Hunde, die deutliche physische Abnormalitäten oder Verhaltensstörungen aufweisen, müssen disqualifiziert werden.

Nachbemerkung
Rüden müssen zwei offensichtlich normal entwickelte Hoden aufweisen, die sich vollständig im Hodensack befinden.

Parson Russell Terrier
(Inzwischen ist ein neuer Standard von Kennel-Club aufgestellt, der derzeit aber noch zur Überprüfung bei der FCI liegt.)

FCI-Standard Nr. 339/28.11.2003/D
Übersetzung Dr. J.-M. Paschoud/Harry G.A. Hinckeldeyn

Ursprung Großbritannien
Datum der Publikation des gültigen Original-Standards 29.10.2003
Verwendung Derber, widerstandsfähiger Arbeitsterrier, besonders für die Arbeit unter der Erde geeignet.
Klassifikation FCI Gruppe 3 Terrier. Sektion 1 Hochläufige Terrier. Mit Arbeitsprüfung.

Kurzer historischer Abriss Der Begründer der Rasse, John (Jack) Russell, wurde 1795 in Darthmouth, in der Grafschaft Devon, geboren. Er war Pfarrer und verbrachte den größten Teil seines Lebens in Swymbridge, Devon. Er war ein großer Jäger und Reiter und hatte sich der Terrierzucht verschrieben. 1873 war er einer der Gründungsmitglieder des Kennel Klubs. Er starb 1883 im Alter von 87 Jahren.

Schon während seines Studiums in Oxford erwarb er seine erste Terrier-Hündin, eine weiße rauhaarige Hündin mit Abzeichen am Kopf, die damals schon in wesentlichen Punkten dem heutigen Standard entsprach. Jack Russell nahm die unterschiedlichsten Einkreuzungen mit anderen einfarbigen oder bunt gefleckten Arbeitsterriern vor. Zuchtziel war immer die Arbeitstauglichkeit, ein typisches Rassebild kam in zweiter Linie. Dieser Tradition folgend wurden bis in die jüngste Vergangenheit im Jack Russell Terrier Einkreuzungen mit anderen Terrierrassen vorgenommen. Auch andere Rassen wurden eingekreuzt, führten aber zu wenig gelungenen Ergebnissen, da sie nicht dem Urtyp des Jack Russell entsprachen. Diese Rasse erfreut sich seit dem letzten Weltkrieg auf dem Kontinent einer zunehmenden Beliebtheit, ganz besonders bei Jägern und Reitern. Sie wurde am 22. Januar 1990 vom englischen Kennel Club anerkannt und ein offizieller Interim-Standard unter dem Namen „Parson Jack Russell Terrier" publiziert. Die F.C.I. hat anschließend am 2. Juli 1990 die vorläufige Anerkennung der Rasse beschlossen. Der (englische) Kennel Club gab der Rasse im Jahre 1999 den jetzigen Name „Parson Russell Terrier". Die endgültige Anerkennung durch die FCI erfolgte am 4. Juni 2001.

Der Parson Russell Terrier gilt laut Standard als derber, widerstandfähiger Arbeitsterrier.

Allgemeines Erscheinungsbild Arbeitsfreudig, lebhaft, wendig; für Schnelligkeit und Ausdauer gebaut. Vermittelt einen allgemeinen Eindruck von Harmonie und Beweglichkeit. Natürlich erworbene Narben sind zulässig.

Wichtige Proportionen Harmonisch gebaut. Die Gesamtlänge des Körpers ist geringfügig größer als die Höhe vom Widerrist zum Boden. Die Entfernung von der Nasenspitze zum Stopp ist ein wenig kürzer als die vom Stopp zum Hinterhauptbein.

Verhalten/Charakter Im Wesentlichen ein Gebrauchsterrier, mit der Fähigkeit und dem zur Arbeit im Bau und in der Jagdmeute geeigneten Körperbau. Unerschrocken und freundlich.

Russell Terrier waren seit jeher auch beliebte Reitbegleithunde.

Die intelligenten Arbeitsterrier eignen sich gut für die Meutejagd.

Kopf – Oberkopf
Schädel Flach, mäßig breit, zu den Augen hin allmählich schmaler werdend.
Stopp Flach.

Gesichtsschädel
Nase Schwarz.
Kiefer/Zähne Kräftige Kiefer, muskulös. Perfektes, regelmäßiges und vollständiges Scherengebiss, wobei die obere Schneidezahnreihe ohne Zwischenraum über die untere greift und die Zähne senkrecht im Kiefer stehen.
Augen Mandelförmig, ziemlich tief liegend, dunkel, mit leidenschaftlichem und durchdringendem Ausdruck.
Ohren Klein, V-förmig, nach vorne fallend, dicht am Kopf getragen. Die Ohrspitze muss bis zum Augenwinkel reichen, die Falte nicht über dem höchsten Punkt des Schädels liegend. Der Ohrlappen ist mäßig dick.
Hals Klar umrissen, muskulös, von guter Länge, sich zu den Schultern hin allmählich verstärkend.

Körper Gut ausgewogen. Die Länge des Körpers ist geringfügig größer als die Höhe vom Widerrist zum Boden.
Rücken Kräftig und gerade.
Lende Leicht gewölbt.
Brustkorb Von mäßiger Tiefe dabei nicht tiefer als bis zum Ellbogen reichend, hinter den Schultern von zwei durchschnittlich großen Händen zu umfassen. Rippen nicht zu stark gewölbt.
Rute Üblicherweise kupiert (Anmerkung: In Deutschland ist das Kupieren der Rute seit 1998 nicht mehr erlaubt. Hunde jedoch, die im Jagdgebrauch stehen, dürfen nach wie vor kupiert werden, damit sie sich bei der Arbeit nicht verletzen).
Kupiert In ihrer Länge zum Körper passend, sodass ein fester Zugriff mit der Hand möglich ist. Kräftig, gerade, mäßig hoch angesetzt, in der Bewegung hoch aufgerichtet getragen.
Unkupiert Von mäßiger Länge und so gerade wie möglich, zur Ausgewogenheit der Gesamterscheinung des Hundes beitragend, dick am Ansatz, sich zum Ende hin verjüngend. Mäßig hoch angesetzt, in der Bewegung hoch aufgerichtet getragen.

Gliedmaßen
Vorderhand Kräftige Läufe, die gerade sein müssen, mit Gelenken, die weder nach innen noch nach außen drehen.
Schultern Lang und schräg, gut zurückliegend, klar umrissen am Widerrist.
Ellbogen Am Körper anliegend, an den Seiten frei beweglich.
Hinterhand Kräftig, muskulös mit guter Winkelung.
Kniegelenk Gut gewinkelt.
Sprunggelenk Tief angesetzt.
Hintermittelfuß Parallel, erzeugt viel Schub.
Pfoten Kompakt mit festen Ballen, weder nach innen noch außen gedreht.
Gangwerk Frei ausgreifend, ausgeglichen. Gerade im Kommen und Gehen.

Russell Terrier gibt es mit rauem und glattem Haar.

Glatt- und rauhaarige Hunde dürfen beliebig miteinander verpaart werden, daher kann es in einem Wurf auch alle Haararten geben.

Haut Muss dick sein und locker anliegen.

Haarkleid

Haar Von Natur aus harsch, anliegend und dicht, gleichgültig ob rauhaarig oder glatt, Bauch und Unterseiten behaart.

Farbe Vollständig weiß oder vorwiegend weiß mit lohfarbigen, gelben oder schwarzen Abzeichen oder jede Kombinationen dieser Farben, vorzugsweise beschränkt auf den Kopf und/ oder auf den Ansatz der Rute.

Unterschiedliches Haarkleid

Der Standard des PRT unterscheidet rau- oder glatthaariges Haarkleid. Innerhalb des rauhaarigen Typs gibt es zusätzlich die Variante „Broken-Coated"; dies entspricht dem Stichelhaar, das beim JRT extra im Standard erwähnt ist. Rau- und glatthaarige Hunde gelten nicht als verschiedene Schläge und dürfen daher beliebig miteinander verpaart werden. Generell zeichnet sich das Haarkleid der Russell Terrier durch eine besondere Wetterfestigkeit aus. Von seiner harten, dichten und festen Struktur her bietet es zudem einen optimalen Schutz vor Verletzungen bei der jagdlichen Arbeit.

Größe

Ideale Widerristhöhe Rüden 36 cm, Hündinnen 33 cm. Ein Über- oder Untermaß von 2 cm ist akzeptabel.

Fehler

Jede Abweichung von den vorgenannten Punkten sollte als Fehler angesehen werden, dessen Bewertung in genauem Verhältnis zum Grad der Abweichung und dessen Einfluss hinsichtlich Gesundheit und Wohlbefinden des Hundes stehen sollte.

Hunde, die deutliche physische Abnormalitäten oder Verhaltensstörungen aufweisen, müssen disqualifiziert werden.

Nachbemerkung

Rüden müssen zwei offensichtlich normal entwickelte Hoden aufweisen, die sich vollständig im Hodensack befinden.

Verhalten und Charakter

Die vierbeinigen Bewegungsfetischisten sind nichts für Stubenhocker, schließlich müssen sie ihr Temperament auch ausleben können.

Jeder Parson Russell Terrier und Jack Russell Terrier ist nicht nur in seinem Aussehen, sondern auch in seiner Persönlichkeit ein echtes Unikat. Beide Terrier sind sehr lebhafte, temperamentvolle und robuste Naturburschen, die gerne gemeinsam mit ihren Menschen etwas erleben und unternehmen. Sie sind äußerst fröhliche, aufmerksame und kinderliebe Vierbeiner. Als echte Arbeitshunde wollen und müssen sie besonders geistig gefordert werden, denn nur entsprechend ausgelastet, sind sie ausgeglichen und können ihre positiven Wesenszüge voll und ganz entfalten. Für träge Stubenhocker sind die intelligenten Actionhunde also nicht geeignet, zumal die kleinen Terrier eine enorme Ausdauer an den Tag legen und nicht müde zu werden scheinen. Bei sportlichen Menschen jedoch, die sie mit diversen Hundesportarten, ausgedehnten Wanderungen, Radtouren, Ausritten oder abwechslungsreichen Spaziergängen fordern, fühlen sie sich so richtig wohl. Ein Heim mit Garten ist für beide Rassen sehr wichtig und besser geeignet als eine Etagenwohnung in einer Großstadt. Zu Hause sind die Russells sehr wachsam und furchtlos. Zu Kläffern entarten sie nur, wenn sie gelangweilt und unausgelastet sind, ansonsten bellen sie nicht ohne ersichtlichen Grund. Trotz ihrer Wachsamkeit zeigen sich die Hunde allem Fremden gegenüber aufgeschlossen, neugierig und kontaktfreudig.

Konsequenz ist oberstes Gebot

Da sie gerne und leicht lernen, gelten PRT und JRT unter allen Terrierrassen als relativ leichtführig, obwohl sie schon auch ihren eigenen Kopf haben. Konsequenz ist bei den bunten Vierbeinern sehr wichtig, denn sonst wickeln die kleinen Charmebolzen ihre Menschen blitzschnell mit viel Raffinesse und treuem Blick um den Finger. Finden sie innerhalb ihrer Familie keine klare Linie vor, an der sie sich orientieren können, übernehmen die cleveren Kerlchen schnell selbst das Ruder und entwickeln sich dann auch leicht zu Familientyrannen. Grundsätzlich sind PRT und JRT äußerst intelligent und haben, wenn man ihren Terrierkopf zu nehmen weiß, einen unkomplizierten Charakter. Hierbei zeichnet sie besonders ihre gute Anpassungsfähigkeit an alles und jeden aus.

Kindern gegenüber sind sie sehr geduldig und zuverlässig, vorausgesetzt natürlich, Kinder und Hunde wurden von Anfang an zu einem verantwortungsvollen Umgang miteinander angeleitet. Dann gibt es für die bis ins hohe Alter verspielten Vierbeiner nichts schöneres, als stundenlang mit dem Familiennachwuchs durch Haus und Garten zu tollen. Bei ernster Gefahr würden die schneidigen Terrier ihre kleinen Schützlinge sofort mutig verteidigen.

Aber auch sonst sind die beiden Russells sehr mutig und unerschrocken, ohne jedoch aggressiv zu sein. Andererseits haben die instinktsicheren Briten ein großes Einfühlungsvermögen, das sie im richtigen Moment sehr zart und behutsam werden lässt.

In der Regel sind Russell Terrier große Kinderfreunde und für jeden Spaß zu haben.

Sie gewöhnen sich auch schnell an andere Haustiere. Dennoch sollte man sich diesbezüglich immer vor Augen halten, dass auch dieser Terrier ausgeprägte Jagdgene besitzen kann. Ein wachsames Auge sollte man immer bei PRT/JRT mit Kleinnagern, wie Meerschweinchen, haben. Grundsätzlich verbreiten gut sozialisierte Russell Terrier eine ansteckende Fröhlichkeit, die sie zu richtigen Gute-Laune-Hunden macht. Zudem sprühen rassegerecht gehaltene Vierbeiner vor überschäumender Lebensfreude.

Die pfiffigen Temperamentsbolzen sind gerne mit ihren Leuten draußen.

Unter Aufsicht und mit einer entsprechenden Erziehung gewöhnt sich der kleine Spring-ins-Feld auch schnell an andere Haustiere.

Clevere Spaßvögel suchen Aufgabe

Es wird ihnen sogar ein ausgeprägter Sinn für Humor nachgesagt, den der Halter natürlich dementsprechend auch haben sollte. Selbst der besterzogenste Russell hat immer wieder neuen Unfug im Kopf. So ist es nichts Besonderes, wenn sich die vierbeinigen Lausbuben mal an Frauchens Schuhen vergreifen. Außerdem sind die quirligen Bauhunde ihren Leuten gerne bei der Gartenarbeit behilflich, indem sie mühsam eingepflanzte Blumenzwiebeln postwendend wieder ausgraben. Ein gelangweilter Russell gräbt sich auch mal unter dem Gartenzaun durch einen Weg in die Freiheit, um auf eigene Faust Abenteuer zu erleben.

Gerade ein unausgelasteter Russell ist enorm erfinderisch, wenn er sich selbstständig auf die Suche nach neuen Hobbys macht. Doch keine Angst, der agile Terrier ist kein unberechenbarer Tunichtgut. Nur ab und zu geht eben mal das Temperament mit dem kleinen Schlitzohr durch und auch darauf muss sich ein zukünftiger Besitzer einstellen.

Die gescheckten Vierbeiner lieben viel Abwechslung und Kopfarbeit: Ist es ihnen zu langweilig, schalten sie schnell auf stur. So sieht ein Russell beispielsweise wenig Sinn darin,

Nicht nur bei Spaziergängen, sondern auch im heimischen Garten gehen die Vierbeiner gern ihrem großen Hobby „Buddeln“ nach.

einem geworfenen Ball hundertmal hinterherzurennen. Stattdessen ist er ein temperamentvoller Sportler, der mit Agility, Turnierhundesport, Trickdogging und Co. hervorragend ausgelastet werden kann. Auch als Gebrauchshunde machen beide Terrier eine gute Figur. Bei Jägern sind sie hierzulande nicht mehr nur als Erdhunde begehrt, sondern auch wegen ihrer hervorragenden Stöberhundqualitäten, bei der Nachsuche und im Wasser. Mit ihrer liebenswerten, anhänglichen und fröhlichen Art, erfreuen sie sich jedoch hauptsächlich bei Nichtjägern jeden Alters großer Beliebtheit.

Individualist, der gerne im Mittelpunkt steht

Ihrer Familie gegenüber zeigen sich die charakterstarken Terrier als sehr anhänglich, treu, verschmust und liebesbedürftig. Sie möchten als Partner akzeptiert werden, die am liebsten immer und überall mit dabei sind. Auch benötigen sie sehr viel Zuwendung und stehen gerne im Mittelpunkt. Fühlt sich ein PRT oder JRT vernachlässigt, legt er schnell Unarten wie Kläffen, Teppich- oder Schuhe ankauen an den Tag, um auf sich aufmerksam zu machen. Sichtlich genießen die Terrier einen gemütlichen Fernsehabend zwischen ihren Menschen auf der Couch, begleitende Krauleinheiten dürfen hier natürlich nicht fehlen. Trotzdem jedoch sollte das Liegen auf dem Sofa nur erlaubt sein, wenn dem an sich recht selbstbewussten Kerlchen seine untergeordnete Stellung im Familienrudel wirklich klar ist, ansonsten kann er das Privileg eines erhöhten Liegeplatzes schon mal mit einem etwas aufmüpfigem Verhalten quittieren. Zu betonen sei allerdings, dass nicht jeder Russell Terrier automatisch ein durchsetzungsfreudiger Zwerg ist, schließlich gibt es neben den Draufgängern und Clowns auch ausgesprochene Sensibelchen oder schüchterne Vertreter, die

Prominente Fangemeinde

Schauspielerin Iris Berben, die Sängerinnen Maria Carey und Sarah Connor, Model Heidi Klum, der britische Thronfolger Prinz Charles sowie Fürstin Gloria von Thurn und Taxis haben neben vielen weiteren Promis eines gemeinsam: Sie alle haben ihr Herz an einen Parson oder Jack Russell Terrier verloren und möchten den charmanten, vierbeinigen Begleiter nicht mehr missen.

Die kleinen Energiebündel lieben alle Arten von Hundesport.

man sprichwörtlich mit Samthandschuhen anfassen muss, um sie nicht zu verstören.
Im Umgang mit Artgenossen gelten die schneidigen Terrier nicht generell als streitsüchtig, aber etwas größenwahnsinnig sind sie schon. So können sie zuweilen etwas ruppig und dominant reagieren, wenn sie dies für nötig halten. Eine gute Sozialisation, die bereits beim Züchter beginnen sollte, inklusive Welpenspielstunde und späterer Hundeschulbesuch sowie der Umgang mit vielen anderen Hunden von klein auf, ist für sie sehr wichtig.

Damit Ihr Russell Terrier beim Gassigehen nicht plötzlich mit Vollgas einer verlockenden Spur nachgeht, müssen Sie mit allerlei Tricks arbeiten.

Eine gute Sozialisation von klein auf ist bei den Russells sehr wichtig, ansonsten gebährden sie sich bei anderen Hunden manchmal etwas größenwahnsinnig.

Klare Regeln sind ein MUSS

Um einen Terrierkopf, der häufig recht eigensinnig zu reagieren scheint, richtig verstehen zu können, muss man sich immer wieder vor Augen halten, für welche eigentliche Aufgabe diese Hunde bestimmt waren. So wurden die Russell Terrier dazu gezüchtet, im Bau völlig auf sich alleine gestellt einen Fuchs aufzuspüren, geschickt zu taxieren, nicht nachzugeben und ihn aus dem Bau zu treiben. Diese Handlungen verlangen eine große Selbstständigkeit vom Hund, die in der Familie leicht als Ungehorsam ausgelegt werden können. Natürlich muss somit auch der Halter ein gewisses Durchhaltevermögen und eine große Standhaftigkeit an den Tag legen. Es ist sehr wichtig, schon dem Welpen von Anfang an deutlich zu machen, wer im Haus das Sagen hat. Das Einführen klarer Regeln und Grenzen ist also das A und O in der Erziehung eines Russell Terriers, denn nur dann zeigt sich der kleine Kerl als ausgeglichener, leichtführiger Begleiter. Strikte Konsequenz und liebevolle Strenge sind hierbei sehr wichtig. Viel Geduld und Einfühlungsvermögen dürfen ebenfalls nicht fehlen. Härte und Drill hat dagegen nichts in der Erziehung eines Russell Terriers zu suchen; sie führen nur zu einem Vertrauensbruch zwischen Zwei- und Vierbeinern und letztendlich zu gänzlicher Verweigerung. Die sorgfältige Auswahl einer geeigneten, Terrier erfahrenen Hundeschule, ist daher besonders wichtig.

Russell Terrier sind sehr anspruchsvolle Hunde, daher dürfen im Umgang mit ihnen Kreativität und Humor nie fehlen.

Kein Hund für einfallslose Langweiler

Sehr empfänglich sind die quirligen Terrier für eine abwechslungsreiche, spielerische Erziehung. Als Animation reichen häufig schon ein paar Leckerlis, denn für die tun die bunten Hunde (fast) alles. Selbst als Nichtjäger kann man das jagdliche Erbe der gescheckten Zwerge fördern, indem man sie die Pantoffeln oder eine Zeitung apportieren lässt. Haben die Russells keinen Spaß an einer Sache, schalten sie schnell auf stur. Viel Geduld und eine gehörige Portion Kreativität dürfen im Umgang mit den cleveren Temperamentsbolzen also ebenfalls nicht fehlen.

Häufig wird dem arbeitsfreudigen Terrier eine gewisse Sturheit nachgesagt. Diese liegt jedoch in seiner Aufgabe, als Jagdhund völlig selbstständig zu arbeiten, begründet.

Auf diese Weise ist auch der angeborene Jagdtrieb gut steuerbar, sodass man den agilen Treibauf später auf Spaziergängen in der Regel unbesorgt freilaufen lassen kann. Trotzdem gibt es natürlich auch Rassevertreter, die sich bei einer verlockenden Fährte in Wald und Flur lieber aus dem Staub machen als Herrchens oder Frauchens hartnäckigem Rufen zu folgen. Aber auch das ist eben ganz Terrier!

Für sportliche Menschen, aufgeschlossene Familien mit Kindern und rüstige Rentner, die sich gerne viel mit ihrem Hund beschäftigen, ihm reichlich Abwechslung bieten und ihm liebevoll, aber bestimmt zeigen, wo's langgeht, sind die Russell Terrier sicherlich ideale Begleiter.

Die Russell Terrier heute

Ihr knuffiges Aussehen und ihre außerordentliche Intelligenz machen die lustigen Vierbeiner inzwischen zu beliebten Fernsehstars.

Aufgrund ihrer großen Anpassungsfähigkeit und Arbeitsfreude sowie ihres praktischen Formates sind PRT und JRT sehr vielseitige Gefährten. Die meisten Vertreter der quirligen Terrier werden hierzulande als Familienhunde gehalten. Die Rassevereine tun jedoch ihr Übriges, den ursprünglichen Hauptberuf der Russells, nämlich die Arbeit im Jagdrevier, nicht in Vergessenheit geraten zu lassen. So werden neben diversen jagdpraktischen Übungstagen auch Gebrauchsprüfungen angeboten. Da die eigentliche Bestimmung des arbeitsamen Vierbeiners im jagdlichen Einsatz liegt und etliche der gescheckten Terrier nach wie vor im Revier geführt werden, ist dem Jagdgebrauch ein eigenes Kapitel in diesem Buch gewidmet.

Ein Russellhalter muss jedoch nicht unbedingt Jäger sein, um seinen Hund glücklich zu machen. Das quirlige Energiebündel freut sich

Russell Terrier sind gute Reitbegleithunde, da sie sich häufig schon von selbst stark zu Pferden hingezogen fühlen.

Als Helfer des Waidmannes im Jagdrevier sind die robusten Terrier immer noch sehr begehrt.

auch über flotte Hundesportarten wie Agility, Turnierhundesport, Trickdogging, Dummy-Training, Fährtensuche & Co. Außerdem ist der nette Vierbeiner ein toller Begleiter beim Radfahren, Joggen, Walken oder Wandern sowie beim Reiten, da er eine natürlich Affinität zu Pferden hat.

Mit seiner feinen Nase eignet sich vor allem der PRT zudem hervorragend als Leichen-, Drogen-, Sprengstoff- oder Schimmelspürhund. Immer häufiger wird er auch zur Fährten- und Flächensuche sowie zum Mantrailing eingesetzt. Selbst als Rettungshund macht der intelligente PRT eine gute Figur, da er aufgrund seiner guten Nase und seines leichten Gewichts optimal für die Suche geeignet ist. Dabei zeigt er einen enormen Einsatz- und Arbeitswillen, der ihn, wird er nicht rechtzeitig vom HundeHalter eingebremst, bis zur totalen Erschöpfung arbeiten lässt. Vor Ausbildungsbeginn zum Rettungshund erfolgt eine eingehende Prüfung auf Wesensfestigkeit und Nasenarbeit, denn nur phy-

Fährtensuche, Flächensuche und Mantrailing

Drei ähnlich klingende Begriffe, die für den Laien schwer zu unterscheiden sind. Alle drei Arten beinhalten die Suche nach vermissten Personen.
Bei der Fährtensuche sucht der Hund anhand der Bodenverwundung nach einem Menschen. Der Vierbeiner ist dabei durch eine 10-m-Leine mit seinem Führer verbunden.
Die Flächensuche findet meist in unwegsamem Gelände oder in großen Waldflächen statt. Speziell ausgebildete Hunde durchstöbern die Gegend auf menschliche Witterung hin und dürfen nur Personen anzeigen (durch Verbellen), die sitzen, kauern, liegen oder sich kaum bewegen. Typische Einsätze sind Suchen nach vermissten Kindern oder verwirrten Menschen. Manchmal findet die Flächensuche auch mit zwei Hunden statt, die aus zwei verschiedenen Richtungen kommend einen Weg absuchen müssen.

Beim Mantrailing sucht der Vierbeiner an einer langen Feldleine eine einzelne Person anhand einer Geruchsprobe (z. B. Kleidungsstück). Die Suche beginnt am Ort des Verschwindens der Person, diese Stelle muss also bekannt sein. Der Hund soll der Spur sicher folgen und darf sich nicht durch andere Verleitungen (Tier- und Menschenspuren) ablenken lassen.

Nur ein ausgelasteter Russell ist ein glücklicher Russell.

Zusammen mit einem Hunde-Kumpel macht das Arbeiten doppelt Spaß.

Nach getaner Arbeit noch eine Runde mit den Hundekumpels rennen – das muss sein.

sisch und psychisch völlig gesunde Hunde sind für diese Arbeit geeignet.

Vielseitiges Multitalent

In England kommen die Russell Terrier neben der Bauarbeit auch bei Terrier-Rennen zum Einsatz, die für alle Beteiligten einen großen Spaß darstellen.

Filmtierschulen wissen neben dem lustigen Aussehen der bunten Hunde auch deren Intelligenz und Arbeitsfreunde zu schätzen, sodass die Russells sogar aus Film, Fernsehen und Werbung nicht mehr wegzudenken sind.

Für Fährtensuche, Flächensuche und Mantrailing ist in erster Linie ein guter Riecher gefragt.

Wegen ihrer Feinfühligkeit, Menschenfreundlichkeit und ihres liebenswerten, souveränen Auftretens sind die cleveren Terrier auch tolle Therapie- und Besuchshunde. Altenheime, Krankenstationen oder Einrichtungen für Behinderte, die jemals mit einem PRT oder JRT zusammenarbeiten durften, möchten ihn nicht mehr missen, da seine Ausstrahlung auch von einem sehr charmanten Witz und einer herzerwärmenden Drolligkeit geprägt ist. Vor allem Kinder finden in dem einfühlsamen Vierbeiner einen liebevollen und zarten Seelentröster, wenn es darauf ankommt, aber auch einen lustigen Clown, der gekonnt von Alltagsproblemen und Krankheiten ablenkt.

Als Gehörlosenhunde machen die eifrigen Terrier hörgeschädigte Menschen auf Geräusche aufmerksam. Epileptikern können sie, nach einer speziellen Ausbildung, Frühsymptome eines Krampfanfalles anzeigen.

Ein Russell Terrier braucht also unbedingt eine abwechslungsreiche Aufgabe; nur dann ist er rundum ausgeglichen und glücklich.

Anforderungen an den Halter

Ein Haus mit Garten, in dem der kleine Wildfang nach Herzenslust toben kann – das wäre ganz nach seinem Geschmack.

Fragen, die vorab zu klären sind

Überlegen Sie die Anschaffung eines Russell Terriers gut, immerhin liegt seine durchschnittliche Lebenserwartung bei etwa 13 Jahren. Bedenken Sie daher schon im Vorfeld genau, ob es Ihnen finanziell möglich ist, für sämtliche Kosten, die der Hund mit sich bringt, über Jahre hinweg aufzukommen. Neben den Kosten für die Grundausstattung sowie für den Erwerb des Hundes selbst, schlägt sich die tägliche Futterration auf Dauer gesehen natürlich deutlich in Ihrem Geldbeutel nieder. Zusätzlich müssen Sie eine Haftpflichtversicherung sowie regelmäßige Impfungen und Entwurmungen bezahlen; schnell kann Ihr Vierbeiner auch unvorhergesehen erkranken, unter Umständen sind sogar langwierige und teure tierärztliche Behandlungen nötig.

Überlegen Sie außerdem, ob die äußeren Gegebenheiten stimmen. Der anhängliche Vierbeiner sollte nicht, aus Platzmangel in der Wohnung, in einem Zwinger gehalten werden. Hier würde der menschenbezogene Terrier physisch und psychisch verkümmern. Am wohlsten fühlt sich das kleine Energiebündel in einem ländlichen Heim mit Garten. Wichtig ist dabei, ein genügend hoher, intakter Gartenzaun, damit sich Ihr Vierbeiner auch unbeaufsichtigt draußen aufhalten kann, ohne zu entwischen.

Ein intakter Gartenzaun ist wichtig, damit sich ein unternehmungslustiger Vierbeiner nicht still und heimlich aus dem Staub macht.

Die Anschaffung eines Russell Terriers muss gut überlegt werden. Vieles gibt es bereits im Vorfeld zu bedenken und abzuklären.

Als zukünftiger Hundebesitzer müssen Sie sich außerdem darauf einstellen, dass ein vierbeiniger Mitbewohner viel Dreck mit ins Haus bringt. Ebenfalls darf der Fellwechsel im Frühjahr und Herbst nicht vergessen werden, der an Ihren Kleidern, Polstermöbeln und Teppichen nicht spurlos vorübergeht.

Fragen Sie nach, ob Ihr Vermieter mit der Anschaffung eines Hundes einverstanden ist. Er-

Bedenken Sie unbedingt ...

Schaffen Sie den Hund nicht für Ihre Kinder an, sondern für sich: Schnell verlieren Kinder das Interesse oder gehen, flügge geworden, aus dem Haus. Sie müssen voll und ganz hinter einer Hundeanschaffung stehen, denn die Hauptarbeit bleibt unter Umständen bald an den Eltern hängen.

Klären Sie schon vor einer Anschaffung, ob jemand aus Ihrem Familien- oder Freundeskreis bereit wäre, auch einmal auf Ihren Russell aufzupassen.

kundigen Sie sich auch, ob Sie den Hund, bei Abwesenheit aller anderen Familienmitglieder, mit ins Büro nehmen dürfen. Denken Sie an die Ferienzeit: Sind Sie gewillt, in zukünftigen Urlauben mit Hund eventuelle Abstriche, Zielort und Unternehmungen betreffend, zu machen? Wollen Sie ohne Vierbeiner verreisen, überlegen Sie vorab, ob Sie einen lieben Hundesitter an der Hand hätten oder eine gute Hundepension bezahlen können. Auch manche Züchter nehmen ihren ehemaligen Nachwuchs gerne wieder in Pflege; fragen Sie schon bei der Anschaffung ihres Welpen nach.

Auf den Punkt gebracht ...

„Ein Russell Terrier hat andere Wertmaßstäbe als wir Menschen. Begriffe wie Fairness, Dankbarkeit oder Gewissen sollten Sie deshalb nicht versuchen auf ihn zu übertragen. Sie sollten lernen, sein konsequentes und hundgemäß logisches Denken zu verstehen und sich dieses im Umgang mit ihm zunutze zu machen." Parson Russell Terrier Club Deutschland e.V.

Rassebedürfnisse

Passen die finanziellen und äußeren Gegebenheiten optimal zu einer Hundeanschaffung, überlegen Sie sich, ob Sie auf Dauer, das heißt ein Hundeleben lang, genügend Zeit und Lust haben, um den Ansprüchen eines Russell Terriers gerecht zu werden. PRT und JRT sind trotz ihres handlichen Formats temperamentvolle Energiebündel, die unbedingt gefordert werden müssen, um ausgeglichen und glücklich zu sein. Die intelligenten Vierbeiner brauchen täglich viel Auslauf und zwar bei jedem Wetter. Dabei dürfen sie nicht nur an der kurzen Leine geführt werden, sondern müssen richtig rennen und toben können. Sie sind sicherlich nichts für Langweiler und Stubenhocker. Auch eignen sich die cleveren Kerlchen nicht für ungeduldige und nervöse Menschen, da sie eine sehr einfühlsame, geduldige, ruhige und souveräne Erziehung brauchen. Viel wohler fühlen sie sich bei sportlichen Outdoorfans, die mit Hundeverstand auf den schelmischen

Das kleine Energiebündel braucht täglich und bei jedem Wetter angemessenen Auslauf.

Russell Terrier müssen körperlich und geistig beschäftigt werden. Dies erfordert viel Zeit von Seiten des Halters.

Naturburschen eingehen. Kreative Action und Humor sowie stete Konsequenz dürfen dabei nicht zu kurz kommen.

Teamarbeit ist für die Russells enorm wichtig, so sind sie gerne unverzichtbare Partner ihres Halters. Die lustigen Vierbeiner lieben Hundesport jeglicher Art. Abwechslung ist bei ihnen Trumpf. Damit sie sich nicht langweilen, darf deshalb auch Kopfarbeit nicht fehlen. Überlegen Sie sich unbedingt vorab, ob Sie wirklich gewillt sind, Ihrem bellenden Freizeitpartner die Freude zu machen, mindestens einmal in der Woche auf einem Hundesportplatz oder mit anderen Aktivitäten zu verbringen. Leider werden immer wieder Russell Terrier abgegeben, weil sie ihren Leuten zu lebhaft sind. Die bunten Vierbeiner sind weder ein Spielzeug, noch fade Schoßhündchen. Sie sind vielmehr echte Kerle, die sehr viel Zeit, Zuwendung und Ansprache benötigen.

Ab und zu legen die cleveren Zwerge einen ziemlichen Sturkopf an den Tag. Stimmt allerdings die Chemie zwischen Ihnen und Ihrem Terrier, klappt es auch meistens mit dem Folgen. Generell darf einem Russellhalter im Umgang mit seinem Vierbeiner ein stetes Augenzwinkern nicht fehlen.

Menschen, die einen PRT oder JRT rein als Prestigeobjekt ansehen oder den Hund nur aufgrund seines hübschen Aussehens und des praktischen Formats anschaffen, werden auf Dauer nicht glücklich mit einem fordernden Lebewesen wie es ein Hund nun mal ist. Auch der Vierbeiner hat hier vermutlich schlechte Karten, mit all seinen Bedürfnissen voll zum Zug zu kommen.

Die cleveren Kerlchen sind äußerst lustig in ihrer Art, daher eignen sie sich auch nicht für humorlose Spaßbremsen.

Da die meisten Russells sehr gerne fressen, ist auch auf eine sportliche Linie zu achten, um gesundheitliche Schäden aufgrund von Übergewicht zu vermeiden.

Ist es Ihnen möglich, einen Russell Terrier gänzlich in Ihr Leben zu integrieren, geht es nun an die Auswahl des Hundes.

Ganz schön anstrengend, so ein Umzug und die Eingewöhnung in ein neues Heim …

Welpe oder erwachsener Hund?

Steht für Sie die Anschaffung eines Russell Terriers fest, überlegen Sie sich, ob Sie einen Welpen oder einen erwachsenen Vierbeiner aufnehmen wollen. Ein Welpe ist wie ein Rohdiamant, den Sie erst schleifen müssen. Dies kostet viel Zeit und Geduld, aber sicherlich auch Nerven und Anstrengungen. Ein junger Hund verlangt ständige Zuwendung, anfangs sogar nachts. Es dauert eine Weile bis der kleine Kerl stubenrein ist. Außerdem muss er sich an fremde Menschen, Tiere und einen normalen Alltag gewöhnen und er muss erst lernen, alleine zu bleiben. Zunächst benötigt ein Welpe drei- bis viermal am Tag Futter. Mehrere kurze Spaziergänge sind für den, sich noch im Wachstum befindlichen, instabilen Bewegungsapparat des Hundekindes, auf den sich zu viel Belastung folgenschwer auswirken kann, sinnvoller als ein ganz langer.

Die Erziehung eines jungen Hundes sowie die eventuell etwas renitente Flegelphase werden Sie voll und ganz fordern. Andererseits lässt sich ein Welpe noch gut formen, er entwickelt sich also größtenteils genau zu dem, zu dem Sie ihn machen. Dies gilt natürlich auch im negativen Sinne: Haben Sie nicht von Anfang an eine klare Linie in Ihrer Erziehung, bekommen Sie bald einen aufsässigen, verzogenen Fratz, der Ihnen im Erwachsenenalter schnell über den Kopf wächst.

Mit einem älteren Vierbeiner kann dagegen schon etwas mehr Ruhe in Form einer ausgereiften Hundepersönlichkeit bei Ihnen einziehen. Ein erwachsener Russell Terrier ist höchstwahrscheinlich aus dem Gröbsten raus,

Ein erwachsener Hund ist scheinbar aus dem Gröbsten raus, trotzdem kann er mit der Zeit Macken an den Tag legen, die nicht mehr so leicht auszubügeln sind.

Entscheiden Sie sich für einen Welpen, bekommen Sie einen Rohdiamanten, den Sie erst schleifen müssen.

er ist stubenrein, ist mit Halsband und Leine vertraut, kann ab und zu mal alleine bleiben und kennt mindestens die erzieherischen Grundkommandos wie Sitz, Platz, Hier und Pfui, vorausgesetzt natürlich, er genoss bis zu diesem Zeitpunkt ein gutes Zu Hause mit einer entsprechenden Prägung. Ist Ihnen allerdings die vollständige Lebensgeschichte Ihres Terriers bis zum Zeitpunkt des Einzuges bei Ihnen unbekannt, kaufen Sie möglicherweise die „Katze im Sack". Der genau Charakter, eventuelle Macken und das Verhalten des Vierbeiners zeigen sich erst im alltäglichen Zusammenleben. Daher kann die Aufnahme eines erwachsenen Hundes eher etwas für Kenner sein.

Eindeutige Regeln und Grenzen sind sehr wichtig für ein harmonisches Miteinander, deshalb muss dem neuen Familienmitglied seine untergeordnete Stellung im Hunderudel von Anfang an klargemacht werden. Hundeunerfahrene Menschen entscheiden sich also besser für einen Welpen als für einen gänzlich unbekannten erwachsenen Vierbeiner. Ersthalter können mithilfe einer guten Hundeschule gemeinsam mit ihrem Welpen wachsen und lernen. Der Einzug eines Welpen erleichtert auch das Zusammengewöhnen mit eventuellen weiteren Haustieren. Halten Sie bereits einen oder mehrere Hunde, hat ein Welpe noch mehr Narrenfreiheit und wird eher spielerisch, aber doch bestimmt in die Rangordnung der anderen Rudelmitglieder eingewiesen. Bei einem erwachsenen, voll ausgereiften Neuzugang können dagegen gleich heftige Kämpfe um die Rudelposition ausbrechen.

Um Ihrem Russell seine untergeordnete Stellung im Familienrudel klarzumachen, sind von Anfang an eindeutige Regeln und Grenzen sehr wichtig.

Beachten Sie auch ...

Lassen Sie Ihrem vierbeinigen Neuzugang viel Zeit für die ***Eingewöhnung****. Am besten nehmen Sie sich Urlaub, damit Sie sich erst einmal gegenseitig in Ruhe kennenlernen können. Springen Sie trotzdem nicht den ganzen Tag nur um Ihr neues Familienmitglied herum. Geben Sie Ihrem Hund genug Freiraum, sein jetziges Zuhause selbst zu erkunden. Zeigen Sie ihm andererseits vom ersten Tag an liebevoll, aber bestimmt, was er darf und was nicht. Respektieren Sie auch ausreichende Ruhephasen, in denen Ihr Vierbeiner nicht gestört werden möchte, schließlich sind die vielen neuen Eindrücke anstrengend und ermüdend.*

Ist in der Nachbarschaft eine Hündin läufig, wird sich Ihr verliebter Casanova unter Umständen einiges einfallen lassen, um zu ihr zu gelangen.

Rüde oder Hündin?

Ob Sie sich für einen Rüden oder eine Hündin entscheiden, ist Geschmacksache. Russell-Terrier-Rüden werden etwas größer als Hündinnen. Oft wirken sie imposanter und selbstbewusster in der Körperhaltung. Sie sind in Vielem hartnäckiger und manchmal auch sturer als Hündinnen. Rüden neigen eher zu Dominanz und zeigen sich härter, weshalb ihre Halter bei der Ausbildung meist etwas mehr Durchsetzungsvermögen brauchen. Ein Rüdenbesitzer muss sich aber auch von Zeit zu Zeit auf einen liebeskranken und somit fürchterlich leidenden Vierbeiner einstellen und zwar dann, wenn eine Hündin in der Umgebung läufig ist. Etliche verliebte Casanovas tun ihren Schmerz um die unerreichbare Angebetete sogar lautstark kund. Diese Heulorgien können wiederum zu Ärger bei den Nachbarn führen. Außerdem erweisen sich viele liebestolle Vertreter als wahre Ausbrecherkönige, wenn es darum geht, ihrer „Traumfrau" näher zu kommen. Ein intakter, genügend hoher Gartenzaun ist also bei unkastrierten Rüden besonders wichtig. Das ständige Markieren eines Rüden ist ebenfalls nicht jedermanns Sache. Hobbygärtner büßen dabei sicherlich die eine oder andere Pflanze ihres Gartens ein.

Bei vermeintlich konkurrierenden Artgenossen lassen unkastrierte Rüden gerne den Macho raushängen, der auch mal mit viel Getöse einen Schaukampf um die Rangordnung anzettelt. Solche Auseinandersetzungen sind jedoch meist harmlos, während Hündinnen untereinander, aus der instinktsicheren Sorge

Manche Hündinnen neigen während ihrer Läufigkeit zum Streunen.

um ihren vermeintlichen Nachwuchs, mit echten Beißereien nicht lange fackeln.
In der Regel haben Hündinnen eine zierlichere Statur als Rüden. Machtkämpfe wie sie bei Rüden um die hausinterne Rangordnung hin und wieder vorkommen können, sind bei Hündinnen eher selten. Dies kommt jedoch auch auf die Erziehung der Hunde und die sozialen Strukturen innerhalb des Rudels an. Hündinnen geben sich, vor allem hormonell bedingt, auch mal zickig. Eine Hündin wird ein- bis zweimal im Jahr läufig. In diesem Zeitraum, der etwa drei Wochen dauert, ist besondere Vorsicht geboten, damit es nicht zu unerwünschtem Nachwuchs kommt. Um Flecken im Haus zu vermeiden, ist ein spezielles Hundehöschen mit extra Slipeinlagen aus dem Fachhandel nötig; daran gewöhnt sich der Vierbeiner in der Regel jedoch schnell, obwohl es immer wieder auch Ausnahmen gibt: manche Hündinnen versuchen alles, ihre Hose wieder los zu werden. Wollen Sie die Läufigkeit Ihrer Hündin auf Dauer umgehen, schafft eine Kastration Abhilfe. Dieser Eingriff in den Hormonhaushalt der Hündin ist in Fachkreisen allerdings umstritten.

Inzwischen gibt es die verschiedensten Möglichkeiten, unerwünschten Nachwuchs zu vermeiden. Lassen Sie sich hier jedoch immer tierärztlich beraten.

Die läufige Hündin

Eine Russell-Terrier-Hündin wird zum ersten Mal zwischen dem siebten und zwölften Lebensmonat läufig. Insgesamt dauert die Hitze, die ein- bis zweimal im Jahr auftritt, etwa 21 Tage. Sie unterteilt sich in drei Phasen: Die ersten neun Tage nennt man Vorbrunst (Proöstrus), äußerlich zu erkennen am Anschwellen der Schamlippen. Nun wird die Hündin ruhiger, vielleicht etwas launisch und markiert anfangs häufig; manchmal frisst sie auch schlecht und neigt zum Streunen. Jetzt lässt die Hündin zwar noch keinen Rüden an sich heran, ihr Interesse am anderen Geschlecht wächst jedoch zunehmend. Allmählich tritt immer mehr schleimiges, mit Blut vermischtes Sekret aus der Scheide aus. Die zweite Phase ist die sogenannten Hochbrunst oder Eisprungphase (Östrus). Zu diesem Zeitpunkt wandern die Eizellen vom Eierstock in den Eileiter; dort können sie befruchtet werden. Der Östrus dauert acht bis zehn Tage und ist zu erkennen am weiteren Anschwellen sowie einer noch stärkeren Rötung der Schamlippen. Die blutigen Ausscheidungen gehen in einen hellen Ausfluss über. Ab dem neunten Tag der Läufigkeit „steht" die Hündin, nun kann sie aufnehmen; sie zeigt Rüden ihre Paarungsbereitschaft durch eine fast aufdringliche Annäherung und das seitliche Wegknicken ihrer Rute an. Nach dem Östrus folgt der Metöstrus; in dieser Phase klingt die Läufigkeit langsam ab, die Schwellung der Schamlippen geht zurück, der Ausfluss wird weniger. Auch das Verhalten „normalisiert" sich allmählich wieder.

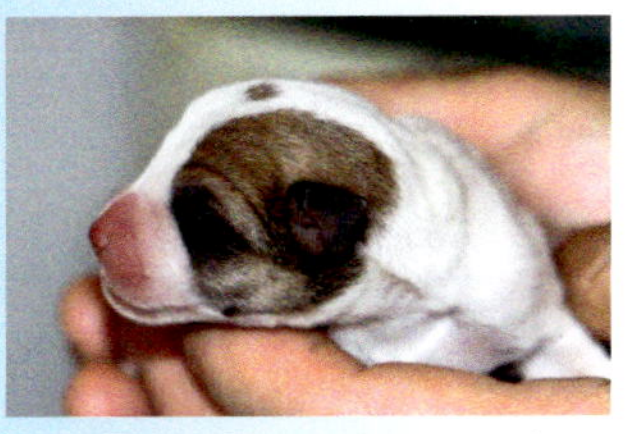

Verhütung bei Hunden

Bei der Kastration einer ***Hündin*** *nimmt man operativ die Eierstöcke und meist auch die Gebärmutter heraus. Da nun die entsprechenden hormonproduzierenden Drüsen fehlen, ist der Geschlechtstrieb nach einer Kastration völlig ausgeschaltet.*

Das Risiko der Hündin, an Gebärmutterkrebs und an einem Gesäugetumor zu erkranken, wird durch die Kastration deutlich vermindert bzw. bei einer Kastration vor der ersten Läufigkeit praktisch ausgeschlossen. Andererseits kann eine so frühe Kastration ein dauerhaft kindlich-kindisches Wesen der Hündin zur Folge haben, denn der Reifeprozess, der durch die Hormone ausgelöst wird, fehlt hier; dies muss jedoch kein Nachteil sein. Bei einer Operation nach der ersten Läufigkeit liegt das Krebsrisiko für die Hündin bei ca. 8 %, nach der zweiten Läufigkeit bei ca. 26 %.

Ein ***Rüde*** *ist kastriert, wenn seine beiden Hoden entfernt wurden.*

Kastrierte Tiere werden in der Regel ruhiger. Manche Hunde neigen anschließend verstärkt zu Fettansatz (Futtermenge anpassen), eventuellen Fellveränderungen oder zeigen Inkontinenz. Während man Hündinnen hauptsächlich zur Vermeidung unerwünschten Nachwuchses kastriert, erfolgt die Kastration eines Rüden häufig bei Verhaltensauffälligkeiten. Selbstverständlich lassen sich Verhaltensauffälligkeiten, die durch Erziehungsfehler des Halters entstanden sind, nicht durch eine Kastration korrigieren.

Manche Rüden haben, bedingt durch zu viel Testosteron, einen übersteigerten Sexualtrieb, der mit Streunen, übertriebenem Imponiergehabe und aggressivem Konkurrenzverhalten gegenüber anderen Rüden einhergeht. Hier oder bei krankhaften Veränderungen der Geschlechtsorgane kann die Kastration eines Rüden durchaus nötig sein.

Beim Rüden wirkt die Kastration auch als vorbeugende Maßnahme gegen Prostataerkrankungen und Perinaltumore (= Zubildungen rund um den After).

Letztendlich liegt es in den Händen eines verantwortungsvollen Tierarztes, individuell zu entscheiden, ob eine Kastration angebracht ist oder nicht.

Eine Alternative zur operativen Trächtigkeitsverhütung stellt die medikamentöse Verhütung mittels Hormonpräparaten dar. Diese Methode sollte allerdings nicht auf längere Zeit eingesetzt werden, denn die hormonelle Manipulation einer Hündin erhöht die Wahrscheinlichkeit einer eitrigen Gebärmutterentzündung, die in der Regel wiederum nur operativ zu behandeln ist.

Eine weitere ganz neue Möglichkeit ist die Verhütung mittels Implantat, das wie ein Mikrochip unter die Haut gespritzt wird und alle sechs Monate ausgetauscht werden muss. Laut Hersteller ist dieses Implantat nebenwirkungsfrei, allerdings ist es nicht ganz billig (ca. 50.- € Materialkosten). Für Hündinnen ist das Verhütungsimplantat noch in der Probephase. Bei Rüden wird es bereits eingesetzt; es zeigt die gleiche Wirkung einer operativen Kastration.

Ein Hund aus dem Tierheim

Die Übernahme eines Tierheimhundes muss gut überlegt werden, schließlich soll der einstige Pechvogel nun dauerhaft zu einem Glückspilz werden.

Beachten Sie ...

Die Übernahme eines Tierheimhundes erfordert in der Regel Hundeerfahrung, denn wie erwähnt, liegt die Vergangenheit des Vierbeiners häufig im Dunkeln; manche Tierheimhunde erscheinen auf den ersten Blick unkompliziert und anpassungsfähig; in unterschiedlichen, oft ganz banalen Situationen des Alltags holen sie jedoch rasch frühere schlechte Erlebnisse ein und lassen sie dementsprechend reagieren. Für Anfänger wird dies unter Umständen zu einem unlösbaren Problem; hundeerfahrene Menschen können sich dagegen kompetenter und souveräner darauf einstellen und damit auseinandersetzen. Erstlingshaltern sei daher geraten, zunächst einmal einen Russell-Welpen von einem seriösen VDH- bzw. FCI-Züchter zu nehmen.

Die Aufnahme eines Tierheimhundes erfordert meist viel Geduld und Einfühlungsvermögen. Die Vorgeschichte eines solchen Vierbeiners liegt oft völlig im Dunkeln, unerwartete Verhaltensweisen können auftreten. Selbst bei einem Tierheim-Welpen wissen Sie häufig nichts Näheres über seine bisherige Haltung. Da schon eine gute Kinderstube sehr wichtig und prägend für eine intakte Hundeseele ist, kann hier bereits einiges schief gelaufen sein, was sich nur schwer wieder ausbügeln lässt. Auch das Wesen der Elterntiere, die Sie im Tierheim meist nicht kennen lernen, ist ein wichtiger Anhaltspunkt für den späteren Charakter Ihres jetzt ausgesuchten Zöglings. Je nach früheren Erlebnissen hat Ihr junger oder älterer Russell Terrier vielleicht schon einige Macken, die Sie erst allmählich herausfinden müssen. Trotzdem lohnt es sich, diese Nuss behutsam zu knacken.

Besuchen Sie Ihren auserwählten Vierbeiner bereits im Tierheim häufiger und gehen Sie mit ihm spazieren, ehe Sie sich endgültig für eine Übernahme entscheiden. Die Auswahl eines Tierheimhundes erfordert besondere Sorgfalt, schließlich soll der Vierbeiner mit seiner neuen Familie zu einem echten Glückspilz und nicht, nach seinen ersten auftauchenden Eigenarten, zum erneut abgeschobenen Pechvogel werden. Wichtig ist, sich und den Hund von Anfang an nicht unter Druck zu setzen. Geben Sie sich für die Gewöhnung aneinander unbedingt ausreichend Zeit. Weisen Sie Ihre Kinder schon im Vorfeld darauf hin, dass der neue Vierbeiner erst einmal Ruhe und Behutsamkeit zur Eingewöhnung braucht. Bevor sie auf ihn zustürmen und ihn streicheln wollen, sollten auch sie erst einmal genau beobachten, wahrnehmen und abwarten.

Ein verantwortungsvoller Züchter wird Sie ausführlich befragen und Ihnen dann einen oder zwei zu Ihnen passenden Welpen vorstellen.

Auswahl von Züchter und Hund

Fällt Ihre Wahl auf einen Hund vom Züchter, bekommen Sie eine aktuelle Wurfliste über die Welpenvermittlung der Rassevereine. Suchen Sie bereits einen Züchter aus, der die Ihren Ansprüchen entsprechende Zuchtlinie züchtet: möchten Sie also einen reinen Familienhund, ist die Showlinie ratsam. Soll Ihr Russell Terrier hingegen später im Revier eingesetzt werden, wählen Sie einen Vierbeiner aus einer jagdlichen Zucht. Vergleichen Sie verschiedene Zwinger kritisch vor Ort miteinander. Prüfen Sie die Zuchtstätte ganz genau und nehmen Sie nicht den erstbesten Welpen vom erstbesten Züchter. Scheuen Sie sich nicht vor weiten Anfahrtswegen, immerhin geht es um die sorgfältige Auswahl eines neuen Familienmitglieds, mit dem Sie viele glückliche Jahre teilen möchten. Stellen Sie sich auch auf eine eventuelle Wartezeit ein, denn häufig wird nur auf Nachfrage hin gezüchtet. Dies ist allerdings ein gutes Zeichen, spricht es doch für eine reine Hobbyzucht, die primär an die Hunde und nicht an den Profit denkt. Trotzdem muss Ihnen ein gesunder Russell-Welpe einiges Wert sein: der durchschnittliche Welpenpreis liegt derzeit bei etwa 1000.- €.

Die Welpen sollen mit vollem Familienanschluss aufwachsen, sich bei Ihrem Besuch interessiert, selbstbewusst und freundlich zeigen. Ihr Fell glänzt, sie sind gut genährt und sehen rundum gesund aus. Das Verhalten der Welpen darf weder ängstlich noch aggressiv

Tätigen Sie keine Mitleidskäufe bei dubiosen Schwarzzuchten, denn dahinter können sich kranke und wesensschwache Mogelpackungen verstecken.

Sehen Sie sich ruhig mehrere Zuchtstätten an und vergleichen Sie diese kritisch miteinander.

sein. Nehmen Sie außerdem die Mutter und, falls anwesend, auch den Vater sowie deren Gesundheitszeugnisse und Wesenstests, gründlich in Augenschein. Beide Elterntiere müssen Ihnen gegenüber zutraulich und freundlich sein.

Achten Sie unbedingt auf Sauberkeit und Hygiene in der Zuchtstätte.

Ein guter Züchter interessiert sich sehr für Sie, Ihr Umfeld und eventuell bereits vorhandene Hundeerfahrung. Außerdem wird er Sie in keiner Weise bedrängen oder Ihnen einen Welpen aufschwatzen. Andererseits fragt er Sie, für welchen Zweck Sie einen Russell Terrier anschaffen möchten, damit er Ihnen einen geeigneten Welpen aus dem Wurf konkret vorstellen kann, schließlich kennt er seine Hunde und deren Nachwuchs am besten. Das Wohl seiner Hunde liegt einem seriösen Züchter wirklich am Herzen.

Haben Sie sich schließlich für einen Züchter und einen seiner Welpen entschieden, vereinbaren Sie vor der Abholung Ihres Vierbeiners weitere Besuche, damit sich der Kleine schon etwas an Sie gewöhnt. Bringen Sie zusätzlich ein altes Handtuch mit, das in das Welpenlager gelegt, bald nach der Mutter und den Wurfgeschwistern riecht. Bei der Abholung des Welpen nehmen Sie dieses Tuch wieder mit und legen es ihm zu Hause in sein neues Körbchen. Durch den weiterhin vorhandenen bekannten Geruch fällt ihm die Trennung von seiner Kinderstube nicht so schwer.

Nur vom seriösen Zücher

Nehmen Sie Abstand von Mitleidskäufen. Bei dubiosen Schwarzzuchten oder Hundehändlern liegen Herkunft, Aufzucht und Vergangenheit der Hunde oft völlig im Dunkeln, sodass Sie anstelle eines gesunden und wesensfesten Rassehundes schnell eine Mogelpackung bekommen, die Ihnen mit zunächst versteckten Krankheiten und Verhaltensstörungen ein Hundeleben lang Kummer bereiten kann. Das Warten auf einen Welpen von einer kontrollierten VDH- bzw. FCI-Zucht lohnt sich allemal; hier gelten strenge Zuchtauflagen, die eine gute Basis für das Hervorbringen robuster, gesunder und wesensstarker Vierbeiner bilden.

Ein gleichzeitiges Aufziehen mehrere Würfe (möglicherweise noch von unterschiedlichen Rassen) innerhalb einer Zuchtstätte sollte Sie stutzig machen, spricht dies doch sehr für eine rein kommerzielle Angelegenheit. Die deutschen VDH-Zuchtvereine verbieten solch ein Vorgehen.

Ein Quietschspielzeug ist nicht unbedingt ideal; es kann meist sehr leicht zerlegt werden und häufig frisst der Hund dann Teile davon.

Welches Zubehör ist nötig?

Für Ihren Welpen benötigen Sie zunächst ein **Welpenhalsband** oder **-geschirr** und eine leichte **Leine**. Als Material hat sich Nylon bewährt; im Vergleich zu Leder ist es leichter, stabiler, nässefester und problemloser zu reinigen. Der ausgewachsene Hund braucht später ein größeres und breiteres Halsband oder Geschirr sowie eine passende, stabile Leine. Gewöhnen Sie Ihren Russell Terrier sofort an das Tragen eines Halsbandes. Bringen Sie am Halsband neben der Steuermarke, eine gravierte Plakette oder eine Hülse mit Ihrer Adresse und Telefonnummer an, damit Sie im Falle des Verschwindens Ihres Vierbeiners schnell benachrichtigt werden können. Achten Sie darauf, dass das Halsband nicht zu eng und nicht zu locker sitzt. Ein Finger muss problemlos zwischen Hals und Halsband passen.

Besorgen Sie außerdem für Haus und Garten je ein Set mit einem **Futter-** und einem **Wassernapf**. Sehr gut geeignet, da leicht zu reinigen, sind Edelstahl-, Keramik- oder stabile Plastiknäpfe.

Bei der Wahl des richtigen Welpenfutters lassen Sie sich am besten vorab von Ihrem Züchter beraten. Natürlich dürfen auch Belohnungsleckereien nicht fehlen.

Schlafplatz, Fellpflege und Spielzeug

Auf solch einer Decke lässt sich wunderbar dösen. Zudem ist sie leicht zu reinigen.

Ihr Hund braucht zudem seinen eigenen Liegeplatz. Manchen Vierbeinern reicht hier eine einfache **Decke** oder ein Kissen, andere kuscheln sich lieber in einen **Korb**. Wichtig ist auch hier die Möglichkeit einer leichten, unproblematischen Reinigung, denn angemessene Sauberkeit und Hygiene sind eine wichtige Basis für ein langes, gesundes Hundeleben. Alle Decken und Kissen müssen maschinenwaschbar sein. Ein Korb wird von Zeit zu Zeit ausgeschrubbt und anschließend mit Ungezieferspray behandelt.Hundekörbe gibt es inzwischen nicht nur aus Rattangeflecht, sondern auch aus stabilem, beißfestem Plastik oder aus Schaumgummi mit Stoffüberzug.

Für den Junghund, der noch alles annagen und zerbeißen will, hat sich als Übergangslösung ein großer, mit einer Decke ausgelegter Karton bewährt, der schnell und preiswert ausgetauscht werden kann.

Ebenfalls praktisch und vielseitig verwendbar ist eine große **Plastik-Transportbox** oder eine Klappbox aus verchromtem Stahlgitter. Während Ihr Welpe darin bereits ein heimeliges Lager vorfindet, in dem Sie ihn während Ihrer Abwesenheit auch mal ausbruchssicher verwahren können, weiß später sogar Ihr erwachsener Terrier diese Rückzugsmöglichkeit zu schätzen, vermittelt das Innere so einer Box doch die Geborgenheit einer Höhle. Bei einer Klappbox kommt dieses Höhlenfeeling erst richtig auf, wenn Sie sie noch mit einem großen Tuch abdecken.Diese Boxen sind ebenfalls sehr hilfreich, Ihren Hund sicher im Auto unterzubringen. Eine ordnungsgemäße Sicherung des Vierbeiners in einem Auto ist übrigens Pflicht; bei Verstoß drohen hohe Geldstrafen. Andere Sicherungssysteme für die

Spielerisch können Sie im Nu Ihrem Vierbeiner die Scheu vor einer solch praktischen Transportbox nehmen.

Ihr Hund braucht unbedingt einen eigenen Schlafplatz, auf den er sich jederzeit zurückziehen kann.

Wenn Kinder gemeinsam mit einem Hund aufwachsen, kann zwischen beiden eine dicke Freundschaft entstehen.

Autofahrt sind beispielsweise ein spezieller Hundegurt in Verbindung mit einem Geschirr, mit dem Sie Ihren Terrier auf der Rückbank anschnallen oder stabile Trenngitter, die den Schrägheckkofferraum, in dem Ihr Hund sitzt, sicher vom Personenabteil abtrennen.

Für die Beförderung in öffentlichen Verkehrsmitteln ist mancherorts ein Maulkorb vorgeschrieben, auch wenn Ihr Hund ganz friedlich ist.

Um für den Fellwechsel im Frühjahr und Herbst gerüstet zu sein, benötigen Sie je nach Fellart Ihres Russell Terriers einen Gumminoppenhandschuh, eine Sisalbürste oder einen Striegel. Außerdem für Schlechtwettertage Handtücher zum Abtrocknen und Säubern.

Schaffen Sie sich zudem eine Zeckenzange an, um Ihren bellenden Freund schnell von den lästigen Plagegeistern befreien zu können.

Zu guter Letzt braucht Ihr vierbeiniger Jungspund natürlich Spielzeug.

EXTRA

Das richtige Hundespielzeug

Bei der Auswahl von Hundespielzeug orientieren Sie sich am besten an folgendem Grundsatz: Alles, was für Kleinkinder ungeeignet ist, kann auch für Hunde gefährlich werden. So sind spitze, scharfkantige

Entsprechendes Spielzeug darf natürlich in keinem Hundehaushalt fehlen.

und splitternde Gegenstände oder Dinge, in denen Drähte oder Nägel enthalten sind, für unsere Vierbeiner absolut tabu. Ebenfalls verboten sind Äste von giftigen Bäumen oder Sträuchern und lackierte Hölzer. Luftballons stellen eine Gefahr dar, weil sie zerbissen schnell heruntergeschluckt werden und eine Darmverschlingung hervorrufen können. Ihr Russell Terrier darf sich nicht an den Spielsachen Ihrer Kinder wie Legobausteinen sowie an Schnüren, Nylon-

strümpfen, Windlichtern oder Plastikbechern vergreifen. Unproblematisch sind spezielle Hundespielsachen aus Hartholz, Jute, Hartgummi, Stoff und reißfestem Nylon. Kauspielzeug aus natürlichen Materialien, wie Rinder- und Büffelhaut, bietet nicht nur eine

Bei einem Knoten aus Baumwollschnüren müssen Sie darauf achten, dass Ihr Russell beim Zerbeißen nicht zu viele Schnüre verschluckt.

interessante Beschäftigung, sondern hat gleichzeitig einen gesundheitlichen Nutzen, denn es stärkt und reinigt das Gebiss. Bälle müssen immer so groß sein, dass Ihr Hund sie nicht verschlucken kann. Quietschspielzeug ist nur bedingt geeignet, denn ist Ihr Vierbeiner ein besonders eifriger „Spielzeug-Designer" zerlegt er auch ein Quietschtier schnell und frisst möglicherweise sogar das quietschende Ventil.

Zudem sind einige Kynologen der Meinung, dass ein Hund durch das ständige Quietschen die Beißhemmung gegenüber quiekenden Artgenossen verlernt. Besser bewährt haben sich Spielsachen aus robustem Hartgummi. Ein begeisterter Apporteur sollte wegen der Splittergefahr auf Stöckchen aus dem Wald verzichten. Besorgen Sie ihm stattdessen lieber Hartholzspielzeug aus dem Zoofachhandel oder schneiden Sie einen Gartenschlauch in terriergerechte Stücke. Als Alternative gibt es Dummys oder Bringsel aus Jute oder Leder, die absolut maulschonend sind. Ein aus bunten Baumwollschnüren zusammengedrehter Knoten ist zwar sehr beliebt, kann jedoch gefährlich werden, wenn der Vierbeiner den Knoten zerlegt und zu viele Schnüre davon verschluckt.

Welpensicheres Zuhause

Treppen sind für einen Welpen nicht ungefährlich; sichern Sie diese daher anfangs am besten mit einem Babygitter.

Überprüfen Sie Ihr Zu Hause schon vor dem Einzug eines Welpen auf mögliche Gefahrenquellen hin für den kleinen Vierbeiner und beseitigen Sie diese gegebenenfalls. Für den noch unerfahrenen, verspielten PRT oder JRT, der ständig auf der Suche nach neuen Abenteuern ist, lauern etliche Gefahren in Haus und Garten. Welpen erkunden ihre Umgebung in erster Linie mit der Nase und mit den Zähnen, das heißt: Alles, was Hund aufstöbert, muss beknabbert oder sogar gefressen werden. Besonders gefährlich und gefährdet sind hier Kabel und mobile Mehrfachsteckdosen. Verlegen Sie Kabel daher entweder in Kabelkanälen oder lagern Sie diese, solange der Welpe noch in der Flegelphase ist, höher. Versehen Sie Steckdosen am Boden und in Nasenhöhe des vierbeinigen Knirpses vorsichtshalber mit Kindersicherungen. Bewahren Sie ebenfalls außer Reichweite des jungen Russell Terriers Putzmittel und Medikamente auf. Erhöhte Vorsicht gilt bei Pflanzen, besonders, wenn sie giftig sind. Stellen Sie auch diese vorübergehend hoch oder quartieren Sie sie an einen anderen Ort um.

Ein weiteres großes Gefahrenpotenzial stellen heruntergefallene Kleinteile wie Büroklammern, Stecknadeln oder Geldstücke dar, weil sie der Welpe aus Neugier fressen könnte. Von ganz besonderer Anziehungskraft sind Schuhe. Junghunde spüren häufig mit einer erstaunlichen Zielsicherheit gerade das teuerste Paar auf und zerlegen es; vielleicht waren Sie aber auch schneller und haben die Schuhe rechtzeitig in Sicherheit gebracht. Hängen Sie auch Jalousie- und Rollobänder vorübergehend höher, denn das Fangen und Zerbeißen der „baumelnden“ Schnüre ist ebenfalls sehr beliebt. Besonders interessiert ist der Welpe überall dort, wo es etwas auszuräumen gibt. Sichern Sie daher Möbeltüren oder Schubla-

Ein solches Babygitter verhindert, dass Ihr Russell unbeaufsichtigt hinauf- oder heruntergeht.

Tipps für den Garten

Auch im Garten kann es für einen jungen Hund gefährlich werden. Denken Sie hier an Folgendes:

- *Damit sich der Welpe nicht unerlaubt auf Wanderschaft begibt, umzäunen Sie Ihr Grundstück.*
- *Flicken Sie rechtzeitig vor Ankunft des Vierbeiners Löcher im bereits vorhandenen Zaun.*
- *Lagern Sie gefährliche Stoffe – wie beispielsweise Frostschutzmittel für das Auto – am besten in einem verschließbaren Schrank.*
- *Vorsicht mit der Aufbewahrung und Verwendung von Chemikalien im Garten (z.B. Dünger, Schneckenkorn etc.).*
- *Komposthaufen und Gartenteich sollten für Ihren Russell Terrier unzugänglich sein.*
- *Bewahren Sie gefährliche Gartengeräte wie Scheren, Sägen, Rechen und Hacken außerhalb der Reichweite Ihres Hundes auf.*
- *Hängen Sie den Gartenschlauch sicherheitshalber auf.*

den, die Ihr abenteuerlustiger Vierbeiner eventuell andernfalls mit seiner Schnauze oder Pfote öffnet. Ein mit einem Vorhang abgehängtes Regal regt enorm die Neugier eines jungen Hundes an. Evakuieren Sie also rechtzeitig empfindliche Gegenstände. Höchst attraktiv sind auch Abfalleimer, deren Inhalt Ihren Terrier auf vielfältige Art schädigen kann. Steigen Sie deshalb besser auf Abfalleimer mit fest verschlossenem Deckel um.

Nicht zuletzt ist das wilde Toben des kleinen Rackers gefährlich: Ist ein Welpe erst einmal in Fahrt, kennt er kein Halten mehr. Sichern Sie Treppen daher am besten mit einem Babygitter.

Natürlich müssen Sie generell alles Zerbrechliche aus dem Weg räumen.

Zusammenfassend gilt Alles, was für Babys oder Kleinkinder in einem Haushalt gefährlich ist, kann auch für einen jungen Hund lebensbedrohlich werden. Richten Sie sich jedoch durch entsprechende Vorkehrungen darauf ein, wird das Zusammenleben mit Ihrem Russell-Terrier-Welpen in der heißen (Flegel-)Phase sicherlich stressfreier sein.

Vorsicht mit Gartenteichen: Schnell fällt ein Welpe aus Neugier hinein und kommt an einem steilen Ufer nicht mehr von selbst heraus.

Die ersten Tage daheim

Möchten Sie einen Russell Terrier halten, benötigen Sie viel Zeit, um dem intelligenten Energiebündel gerecht zu werden.

Ein seriöser Züchter gibt seine Welpen geimpft und entwurmt nicht vor der achten Lebenswoche ab. Am Abgabetag stattet er Sie mit dem Impfpass, der FCI-Ahnentafel (falls diese bereits vorliegt), Pflege-, Fütterungstipps und Futter für den Übergang aus. Außerdem sollten Sie auch eine Kopie des Wurfabnahmeberichtes erhalten. Vergessen Sie zur Abholung Ihres Hundekindes Welpenhalsband und Leine nicht. Wenn Sie berufstätig sind, nehmen Sie sich mindestens in den ersten zwei Wochen nach Einzug des Vierbeiners frei. Dies erleichtert nicht nur die Erziehung zur Stubenreinheit, sondern ist auch für die gesunde, seelische Entwicklung des Hundebabys sehr wichtig.

Lassen Sie sich für die Heimfahrt viel Zeit. Eine längere Autofahrt ist für Ihren Welpen neu und ungewohnt. Manchen Hundekindern wird zunächst einmal übel, einige speicheln daraufhin nur, andere müssen sich übergeben. Legen Sie unterwegs mehrere Pausen ein, in denen sich Ihr kleiner Russell Terrier lösen und bewegen kann. Fahren Sie langsam und knallen Sie nicht mit den Autotüren.

Ankunft im neuen Zuhause

Lassen Sie Ihrem Welpen nach Ihrer Ankunft zu Hause erst einmal genügend Zeit und Möglichkeit, sein neues Domizil ausgiebig zu erkunden. Auf keinen Fall dürfen alle Familienmitglieder gleichzeitig auf ihn einstürmen. In den ersten Stunden ist Behutsamkeit angebracht, damit der neue Mitbewohner nicht verängstigt wird. Zeigen Sie Ihrem Welpen seinen Schlafkorb. Setzen Sie ihn immer wieder hinein und beschäftigen Sie sich dort eine Weile mit ihm. Verbinden Sie dies schon von Anfang an mit dem Kommando „Körbchen". So merkt er bald, dass der Korb sein Platz ist und lernt schnell, auch auf Befehl dorthin zu gehen. Hat sich die erste Aufregung im neuen Heim für den Kleinen etwas gelegt, bekommt er sein Futter. Ein achtwöchiger Welpe muss drei bis vier Mahlzeiten erhalten. Eine Futterumstellung darf nur langsam erfolgen. Am besten mischen Sie hierfür nach und nach das mitgegebene Futter des Züchters mit Ihrem eventuell neuen Futter. Nach dem Füttern bringen Sie den Welpen sofort nach draußen, damit er sich lösen kann. Genauso verfahren Sie nach dem Spielen und wenn Ihr junger Russell Terrier nach dem Schlafen aufwacht.

Beachten Sie, dass ein Welpe zunächst wie ein Baby noch sehr viel Schlaf braucht, ein Bedürfnis, dem Sie unbedingt Rechnung tragen sollten. Zur Erleichterung der Eingewöhnung nachts stellen Sie das Körbchen am besten an Ihr Bett. Ist Ihr Hund sehr unruhig, legen Sie ihm einen Wecker unter sein Kissen. Das Ticken erinnert ihn an den Herzschlag der Mutter und beruhigt ihn.

Werden Sie nicht schwach und lassen den Welpen nicht ins Bett. Damit tun Sie sich und dem Hund keinen Gefallen. Dies wäre bereits der erste Schritt für den kleinen Neuankömmling in der Rangordnung mit Ihnen zu konkurrieren. Streicheln Sie den, in seinem Körbchen

Ein verantwortungsvoller Züchter gibt seine Welpen frühestens mit 8 Wochen ab. Dann sind die Kleinen bereits geimpft und entwurmt.

liegenden Vierbeiner lieber von Ihrem Bett aus in den Schlaf. Die zärtliche Berührung mit Ihrer Hand gibt ihm all die Geborgenheit und das Vertrauen, das er braucht, um als Hundebaby einem neuen aufregenden Tag entgegen zu schlafen.

Viel Geduld mit Tierheimhunden

Ein Secondhand-Hund benötigt besonders viel Zeit zur Eingewöhnung. Um ein besseres Bild von seiner Persönlichkeit zu bekommen, beobachten Sie den Neuankömmling ganz genau. Rasch finden Sie heraus, ob Sie nun ein extremes Sensibelchen oder eher ein forsches Raubein im Haus haben. Lassen Sie Ihrem Neuzugang nichts durchgehen, was er auch später nicht tun darf. Ein ehemaliger Tierheimhund wird in einer neuen Familie zunächst mit Reizen überflutet, die er erst einmal in Ruhe verarbeiten muss. Trotzdem ist es wichtig, Ihren Russell Terrier von Anfang an so natürlich wie möglich an Ihrem normalen Tagesablauf teilhaben zu lassen. Führen Sie sofort feste Fütterungs-, Spiel- und Spaziergehzeiten ein, damit Ihr vierbeiniger Kamerad bald seinen festen Rhythmus kennt. Hat sich

Das Ticken eines Weckers im Körbchen Ihres Welpen erinnert den Knirps an den beruhigenden Herzschlag seiner Mutter.

die erste Aufregung gelegt, wird Ihr Hund auch Sie ganz genau beobachten. Einem Russell Terrier entgeht nichts. Er durchschaut schnell, wer in der Familie das Sagen hat und wer nicht und wo es Schwachstellen in der familieninternen Rangordnung gibt. Daher ist es besonders wichtig, klare Regeln vorzugeben, die der Vierbeiner strikt einhalten muss. Ihr Terrier ist rasch ausgeglichen und glücklich, wenn er sofort einen eindeutigen Platz in der neuen Lebensgemeinschaft einnimmt, mit einem Mensch an der Spitze, an dem er sich orientieren kann.

Tipp für Secondhand-Hundebesitzer

Um herauszufinden, welche Talente und Vorlieben Ihr Russell Terrier hat, kann eine kompetente Hundeschule sehr hilfreich sein. Hier werden meist auch Spiel-, Spaß- und Sportkurse angeboten, die jeden Vierbeiner seinen Neigungen entsprechend fordern. Die intensive gemeinsame Beschäftigung mit Ihrem Russell Terrier wird Ihre Bindung zueinander weiter fördern und Sie bald zu einem unzertrennlichen Dream-Team zusammenschweißen.

Die ersten Ausflüge

Auf Ihren ersten Spaziergängen sehen Sie, wie sich Ihr wedelnder Neuzugang Artgenossen gegenüber verhält. Auch für einen erwachsenen PRT oder JRT ist der regelmäßige Kontakt zu anderen Hunden nötig. Laden Sie Freunde mit Ihren Vierbeinern zu sich nach Hause ein: Da Ihr Hund anfangs noch kein Revierbewusstsein hat, wird er alles akzeptieren, was er in seinem neuen Heim vorfindet.

Führen Sie auch bei einem Secondhand-Hund von Anfang an klare Regeln ein und erlauben Sie ihm nichts, was er auch später nicht darf.

Hunde aus zweiter Hand sind häufig schon mit den Grundbegriffen der Erziehung vertraut.

Nutzen Sie diese Tatsache aus und machen Sie Ihren Terrier möglichst bald mit eventuellen anderen Haustieren bekannt. Auch wenn Ihr neuer Kamerad in seiner Prägephase eine gute Sozialisierung erfahren hat, ist der Besuch einer Hundeschule empfehlenswert. Ein Secondhand-Hund kann hier zusammen mit seinem Halter noch sehr viel lernen. Erziehungstechnisch brauchen Sie bei einem erwachsenen Hund meist nicht ganz bei Null anzufangen, sondern können auf die bereits vorhandenen Grundlagen aufbauen. Wichtig ist, dass Ihr Russell Terrier nun Sie als neuen Halter und somit Kommandogeber akzeptiert.

Zeigen Sie daher unbedingt Konsequenz und Einfühlungsvermögen und bauen Sie behutsam eine vertrauensvolle Bindung zu Ihrem neuen Hausbewohner auf. Außerdem muss es Ihrem Russell Spaß machen, Ihnen zu gehorchen, die richtige Motivation ist also das A und O einer erfolgreichen, partnerschaftlichen Erziehung.

Einen Hund als treuen Freund – das ist der Wunsch vieler Kinder. Wenn beide miteinander aufwachsen und die nötigen Verhaltensregeln lernen, steht dem nichts im Wege.

Sozialisierung

Laden Sie öfters andere Hunde zu sich nach Hause ein, dies fördert die Verträglichkeit Ihres eigenen Vierbeiners.

Damit ein Hund einen stressfreien Alltag mit einem sozialverträglichen Verhalten gegenüber Mensch und Tier leben kann, muss schon der Welpe mit möglichst vielen Umweltreizen vertraut gemacht werden. Die wichtigste Zeitspanne für die Sozialisierung liegt zwischen der dritten und etwa der 16. Lebenswoche. Für die erste Phase ist also der Züchter verantwortlich: Dort soll der Welpe nicht nur durch den Umgang mit seiner Mutter und den Wurfgeschwistern hündisches Verhalten lernen, sondern auch möglichst viele positive Erfahrungen mit verschiedenen Menschen, einschließlich Kindern sind für die weitere Entwicklung des kleinen Vierbeiners wichtig. Deshalb sind bei einem verantwortungsvollen Züchter ab der vierten Woche Besucher willkommen, selbstverständlich wohl dosiert, um die Welpen nicht zu überfordern. Durch eine abwechslungsreiche Umgebung, wie beispielsweise einem interessanten, kleinen Abenteuerspielplatz im Welpenauslauf, wird das Hundekind bereits mit diversen Umweltreizen vertraut gemacht.

Kurze Ausflüge sind dagegen erst erlaubt, wenn der Welpe komplett geimpft ist (ab der achten Lebenswoche). Hundekinder, die bis zu ihrer Abholung (und auch danach) völlig abgeschottet von ihrer Umwelt leben, tragen in der Regel irreparable Schäden davon, die sie an einer normalen Entwicklung hindern. Solche Hunde bleiben häufig ihr Leben lang unglückliche Sorgenkinder, die sich ständig als unsichere Angsthasen oder auch Beißer gebärden. Zudem zieht dies auch negative gesundheitliche Auswirkungen nach sich.

Nach der Abholung Ihres Russell Terriers vom Züchter liegt die weitere Entwicklung des Welpen in Ihrer Hand. Machen Sie ihn zu Hause mit möglichst vielen Situationen bekannt: Sperren Sie ihn beispielsweise nicht weg, wenn Sie staubsaugen oder wenn Besuch kommt. Dies bedeutet natürlich nicht, dass Sie sofort nach der Ankunft des Vierbeiners den Staubsauger schwingen oder gar eine große Party feiern sollen. Vielmehr macht's die richtige Dosierung, damit Ihr junger Terrier langsam, aber sicher alle Geräusche und Abläufe um ihn herum als völlig normal ansieht. Leben noch andere Tiere bei Ihnen, gewöhnen Sie alle Vierbeiner ganz behutsam aneinander. Auf Stadtausflüge wird Ihr Welpe optimal vorbereitet, wenn Sie Großstadtgeräusche zunächst von einem Band abspielen. Am günstigsten ist dies während der Fütterung, denn dann verknüpft Ihr kleiner Russell die ungewohnten Geräusche gleich mit etwas Positivem. Steigern Sie die Lautstärke allerdings erst allmählich. Gewöhnen Sie Ihren jungen Vierbeiner ebenfalls frühzeitig an die Mitnahme und das gesittete Verhalten im Auto und in öffentlichen Verkehrsmitteln.

Neue Eindrücke sammeln

Lassen Sie den Welpen während Ihrer Spaziergänge in Ruhe seine Umgebung erkunden. Streuen Sie zwischendurch kleine Spielchen ein, die all seine Sinne und vor allem auch das Interesse an Ihnen wecken. Auf diese spielerische Art merkt Ihr PRT/JRT schnell, dass es sich lohnt, Ihnen zu folgen. Wechseln Sie öfter mal die Wege und provozieren Sie Begegnungen mit Artgenossen, anderen Tieren und Menschen. Beginnen Sie hier bereits spielerisch die Erziehung, indem Sie Ihrem Terrier beispielsweise durch Ablenkung mit einem verlockenden Spielzeug oder besonderen Leckerbissen schon beibringen, fremde Menschen nicht anzuspringen. Respektieren Sie auch, wenn ein anderer Hundebesitzer von einem Zusammentreffen mit Ihnen Abstand nimmt. Nehmen Sie Ihren Welpen dann lieber an die kurze Leine und gehen Sie ohne direkten Kontakt am anderen

Schule soll Spaß machen und zwar Ihnen und Ihrem Hund!

Für die erste Phase der Sozialisierung ist noch der Züchter zuständig. Er sollte den Welpen bereits eine abwechslungsreiche, anregende Umgebung bieten.

Vierbeiner vorbei, schließlich muss Ihr Russell Terrier auch lernen, sich in solchen Situationen manierlich zu verhalten. Das Kennenlernen verschiedener Bodenuntergründe und von Wasser fällt ebenso in die wichtige Sozialisierungsphase.

Unbedingt empfehlenswert ist der Besuch einer Welpenspielstunde in einer guten Hundeschule. Hier lernt der junge Vierbeiner zusammen mit gleichaltrigen Artgenossen, wie er sich hündisch korrekt verhält. Außerdem wird er dort mit unterschiedlichen Geräuschen und Gegenständen wie zum Beispiel einem aufgespannten Regenschirm oder flatternden Folien vertraut gemacht. Gehen Sie allerdings erst mit Ihrem Welpen auf den Hundeplatz, wenn er geimpft und somit gegen diverse Infektionskrankheiten grundimmunisiert ist.

Um eine gute Verträglichkeit mit Artgenossen zu fördern, empfiehlt sich zudem häufiger Hundebesuch bei Ihnen daheim. Da Ihr Russell Terrier dann nicht mehr als vierbeiniger Alleinherrscher im Mittelpunkt steht, kann dies sogar „Einzelkindallüren" entgegenwirken.

So finden Sie die passende Hundeschule

Hundeschulen und Tiertrainer gibt es inzwischen an vielen Orten. Welche Möglichkeiten Sie in Ihrer Region haben, wissen in der Regel Tierärzte, örtliche Tierheime oder andere Hundehalter. Auch überregionale Verbände

- *Ist der Trainer schon am Telefon bereit, ausführlich Fragen zu beantworten und fragt er Sie auch viel über Sie und Ihren Hund?*
- *Nach welcher Methode wird trainiert?*
- *Kann der Trainer eine fundierte Ausbildung nachweisen?*
- *Gibt es ein (eingezäuntes!) Trainingsgelände, auf dem die Hunde in Trainingspausen auch mal miteinander spielen dürfen?*
- *Wie groß sind die Trainingsgruppen? Zu große Gruppen lassen kaum noch Spielraum für die genaue Beobachtung und Beratung eines jeden Einzelnen.*
- *Gibt es auch Einzelstunden für individuelle Probleme?*
- *Stehen die Kosten in einem vernünftigen Verhältnis zum Angebot?*
- *Sind ein anfängliches Zusehen sowie ein Probetraining möglich?*
- *Stimmt die Chemie zwischen Ihrem Russell Terrier und dem Trainer sowie zwischen Ihnen und dem Trainer?*
- *Freut sich Ihr Vierbeiner, wenn es auf den Hundeplatz geht und hat er Spaß am Training?*
- *Macht Ihr Hund langfristig Fortschritte?*

und Organisationen sind kompetente Ansprechpartner. Ebenfalls lohnt sich eine Suche im Internet. Haben Sie eine konkrete Hundeschule im Auge, prüfen Sie das Angebot anhand der Fragen im Kasten genau.
Stellen Sie fest, dass Sie mit dem Trainer oder der angebotenen Methode nicht zurechtkommen, wechseln Sie die Hundeschule. Handeln Sie immer im Interesse Ihres Hundes. Nur ein Russell Terrier, der Spaß an der Sache hat, lernt gerne und leicht. Auch Sie können in einer kompetenten und sympathischen Hundeschule nette Freundschaften und Kontakte mit Gleichgesinnten knüpfen und einen wichtigen Erfahrungsaustausch pflegen.

Haben Sie Ihren Russell bereits als Welpen spielerisch mit Wasser vertraut gemacht, hat er auch später keine Angst davor. Trotzdem ist natürlich nicht jeder Hund eine Wasserratte.

Ihr vierbeiniger Freund braucht den Kontakt zu Artgenossen gleichen Alters, aber auch zu Älteren. Vor allem das Spielen mit dem Hundekumpel kann durch nichts ersetzt werden.

EXTRA

Welpenspielplatz zu Hause

Leicht können Sie Ihrem Welpen zu Hause mit einfachen und ganz alltäglichen Dingen einen Abenteuerspielplatz kreieren. Führen Sie Ihr Hundekind an alle Stationen langsam heran und zeigen Sie ihm alles ganz behutsam. Loben Sie Ihren Welpen ausgiebig, wenn er mutig die neue Umgebung erkundet. Haben Sie Geduld mit Angsthasen und überfordern Sie diese nicht. Machen Sie den Spielplatz für ängstliche Vierbeiner noch interessanter, damit in jedem Fall

Locken Sie Ihren Welpen mit einem Leckerli über einen kleinen Hindernis-Parcours.

deren Neugier geweckt wird. Taut der schüchterne Welpe auf und zeigt Interesse, loben Sie ihn gründlich.

ⓘ Stellen Sie einen großen, offenen Karton auf, den Ihr junger Vierbeiner nach Herzenslust erkunden und anschließend auch zerlegen darf.

ⓘ Befestigen Sie an einer Wäscheleine alte Stofffetzen: Hier lernt der Kleine, sich nicht von flatternden Dingen aus der Ruhe bringen zu lassen. Eine Stufe schwieriger wird es mit Folienresten, denn diese rascheln auch noch.

ⓘ Legen Sie eine Leiter auf den Boden und führen Sie Ihren jungen PRT oder JRT langsam darüber; hier ist Koordination gefragt, denn er lernt, seine Pfoten genau zwischen den Sprossen zu setzen. Achten Sie darauf, dass der Welpe über die Sprossen schreitet und nicht springt. Wissenschaftliche Untersuchungen belegen, dass dies eine ausgeprägtere Verzweigung der Nervenbahnen im Gehirn zur Folge hat.

ⓘ Stellen Sie eine Hundetransportbox mit geöffneter Tür auf und verteilen Sie in der Box Leckerli. So wird der Welpe schon spielerisch mit der Box vertraut gemacht, verknüpft sie mit etwas Positivem (Futter) und empfindet später die Reise darin als etwas ganz Normales. Achten Sie darauf, dass Sie dem Welpen von Anfang an ein Kommando zum Herauskommen geben. Sagen Sie dieses, bevor er die Kiste von selbst verlassen möchte. Das Herauskommen auf Kommando belohnen Sie mit Futter.

ⓘ Legen Sie eine große Malerfolie auf dem Boden aus: dies ist ein unbekannter, raschelnder und glatter Untergrund, den es zu betreten gilt; streuen Sie für Zaghafte Leckerli darauf aus.

ⓘ Selbst ein Zelt ist ein interessantes Erkundungsobjekt, das sowohl durch die Überdachung als auch durch den Zeltboden neu und aufregend ist.

ⓘ Stellen Sie zum genauen Erforschen einen aufgespannten Sonnenschirm auf den

Das Erkunden von diversem Spielzeug ist für einen jungen Hund äußerst interessant.

Boden, legen Sie als Lockmittel Leckerli darunter aus.

ⓘ Legen Sie einen Eimer auf den Boden, den Ihr Hundekind ausgiebig erkunden darf.

ⓘ Lassen Sie zunächst in großer (!) Entfernung vom Welpen eine aufgeblasene Butterbrottüte platzen, sodass er den Knall erst nur sehr gedämpft hört. Zusätzlich kann er währenddessen von einer zweiten Person mit Futter abgelenkt werden. Wenn sich der Hund entspannt hat, ausgiebig loben und belohnen. Erhöhen Sie ganz langsam die Intensität des Geräusches.

Auf diese Weise lernt ein Welpe Silvesterknallerei und Donnergrollen zu trotzen. Selbstverständlich funktioniert diese Übung auch wieder über eine aufgenommene Kassette oder CD. Beginnen Sie jedoch wie gehabt immer erst ganz leise und steigern Sie die Lautstärke langsam.

Bitte beachten Sie, dass dieser Spielplatz für daheim auf keinen Fall das Welpenspielen mit Artgenossen auf einem Hundeplatz ersetzt. Es stellt lediglich eine gute Ergänzung dar, die Ihren Vierbeiner anderen Alltagssituationen gegenüber selbstbewusster und gelassener werden lässt.

Besuchen Sie mit Ihrem Welpen unbedingt regelmäßig eine Spielgruppe mit gleichaltrigen Artgenossen. Dies verhilft zu einem intakten Sozialverhalten anderen Hunden gegenüber.

Schimpfen Sie Ihren Hund nicht, wenn er während Ihrer Abwesenheit etwas angestellt hat. Dafür müssten Sie ihn wirklich auf frischer Tat ertappen.

Gerade Ersthalter lassen sich häufig vom süßen Blick und putzigen Verhalten ihres neuen Familienmitglieds einwickeln und verschieben die Erziehung des kleinen Rackers zunächst einmal auf unbestimmte Zeit. Machen Sie diesen Fehler nicht. Am aufnahmefähigsten ist ein Welpe bis zur 18. Lebenswoche, nützen Sie also diese Zeit und fangen Sie sofort mit einer spielerischen Erziehung an. Ganz entscheidend für die Lernbereitschaft und damit auch die Lernfähigkeit ist das Lernklima. Stress und Angst sind Gift für ein erfolgreiches Lernen. Sicherlich können Sie das aus eigener Erfahrung gut nachvollziehen. Verschaffen Sie Ihrem Hund daher eine ruhige, angenehme und entspannte Atmosphäre, in der er, verstärkt durch die richtige Motivation, Spaß am Lernen hat.

Wie lernt ein Welpe?

ⓘ *Welpen sind ganz genaue Beobachter und lernen somit rasch, wovor Sie Angst haben, wen Sie mögen und wen nicht; auch die familieninterne Rangordnung durchschauen sie schnell.*

ⓘ *Welpen sind Praktiker; vieles lernen sie durch Erfahrung, wie schlechte oder gute Erlebnisse, Bestrafung und Lob.*

ⓘ *Das genaue Lernverhalten eines Welpen ist abhängig von seinem individuellen Charakter, seiner Intelligenz und seinen speziellen, angeborenen Neigungen.*

Stubenreinheit

Ein Welpe braucht wie ein Menschenbaby zunächst ein gewisses Bewusstsein dafür, wo er sich lösen darf und wo nicht. Bei der Erziehung zur Stubenreinheit ist viel Behutsamkeit angebracht. Überfordern Sie Ihren kleinen Russell nicht. Bringen Sie ihn nach jeder Mahlzeit, nach jeder Spielphase und gleich nach dem Aufwachen zum Lösen ins Freie, vorzugsweise immer an den gleichen Platz. Beobachten Sie Ihr Hundekind ganz genau: Selbst, wenn er beispielsweise breitbeinig am Boden schnüffelt, ist schnelles Handeln angebracht, denn postwendend kann ein Pfützchen folgen. Verrichtet der Kleine draußen sein Geschäft, loben Sie ihn unbedingt überschwänglich.

Der erste Schritt zur Stubenreinheit ist ein gutes Beobachten des Welpen: Schnüffelt er am Boden, kann gleich ein Pfützchen folgen. Im Haus hieße das: nichts wie raus!

Eine mit Grasplatten ausgelegte, offene Gitterbox kann den Welpen bereits im Haus daran gewöhnen, sich auch später nur auf Rasen zu lösen.

Eine plötzlich auftretende Unsauberkeit bedarf einer gründlichen Ursachenforschung. Reines Bestrafen wäre hier unfair.

Als anfängliches Welpenlager nachts empfiehlt sich ein hoher Pappkarton oder eine Transportbox in Ihrem Schlafzimmer, aus der Ihr Vierbeiner nicht selbstständig herauskommt. Weil er sein eigenes Lager nicht beschmutzen möchte, wird er unruhig und fängt an zu winseln, wenn er muss. Tragen Sie ihn dann schnell hinaus. Entdecken Sie ein Pfützchen im Haus, entfernen Sie es stillschweigend und gründlich, damit Ihr Welpe nicht wieder von seinem eigenen Geruch angezogen, an derselben Stelle uriniert. Ertappen Sie ihn gerade beim Lösen, heben Sie ihn mit einem bestimmten „Nein" hoch und bringen Sie ihn ins Freie. Fährt er dort mit seinem Geschäft fort, loben Sie ihn wieder ausgiebig. Stupsen Sie nie die Hundenase in die Hinterlassenschaften des Welpen, denn dies hat keinerlei Lerneffekt, ist Tierquälerei und somit als Strafe völlig ungeeignet. Es führt nur zu einem Vertrauensbruch zwischen Ihnen und Ihrem Russell Terrier. Bringen Sie Ihr Hundekind anfangs vorsichtshalber alle ein bis zwei Stunden nach draußen. Je aufmerksamer Sie Ihren Welpen beobachten (Geht er zur Tür? Winselt er?) und je

Lassen Sie sich nicht von Ihrem kleinen Herzensbrecher einwickeln, sondern beginnen Sie sofort mit seiner Erziehung.

Plötzliche Unsauberkeit

Unsauberkeit im Erwachsenenalter kann viele Gesichter haben. Um eine organische Ursache abzuklären, suchen Sie zunächst einen Tierarzt auf. Kann dies zweifelsfrei ausgeschlossen werden, begeben Sie sich in Ihrem Umfeld bzw. in der Seele Ihres Hundes auf Spurensuche. Fühlt sich Ihr Hund einsam oder vernachlässigt, verkraftet er einen eventuellen Umzug nicht, ist er eifersüchtig oder wird er gar von Artgenossen aus der Umgebung gemobbt? Oftmals steckt ein psychisches Problem des möglicherweise unverstandenen Vierbeiners dahinter. Auf keinen Fall dürfen Sie Ihren Hund für seine plötzliche Unsauberkeit bestrafen. An erster Stelle muss stets die Ursachenforschung stehen. Daraufhin folgt eine Verhaltensänderung seitens des Besitzers und schließlich auch des Hundes. Unterstützend hat sich der Einsatz von ***Bachblüten*** *bewährt. Um jedoch differenziert auf das jeweilige Problem des Vierbeiners eingehen zu können, empfiehlt sich anstelle einer willkürlichen Eigenmedikation ein ausführliches Gespräch mit einem veterinärmedizinisch erfahrenen Bachblütentherapeuten.*

schneller Sie dann reagieren, umso rascher wird Ihr Terrier stubenrein.

Leinenführigkeit

Ein ordentliches Gehen an der Leine können Sie Ihrem Welpen mit ein paar Tricks schnell beibringen. Bleiben Sie dabei dauerhaft konsequent, gewöhnt sich Ihr Russell Terrier auch später kein übermäßiges Ziehen an. Machen Sie Ihr Hundekind zunächst einmal spielerisch mit seiner Leine vertraut; lassen Sie den Welpen ausgiebig daran schnuppern und zeigen Sie ihm, dass hiervon absolut keine Gefahr für ihn ausgeht. Dann leinen Sie Ihren Vierbeiner an und locken ihn mit einem Leckerli oder seinem Lieblingsspielzeug, sodass er ein paar Schritte an der Leine geht. Loben und belohnen Sie ihn ausgiebig, wenn er die Leine vergisst und Ihnen folgt. Geben Sie nicht nach, wenn er sich stur stellt, sich hinsetzt oder fallen lässt. Setzen Sie sich unbedingt spielerisch durch, denn einige Vierbeiner testen bei dieser Übung bereits, wie weit sie mit ihrem Sturköpfchen gehen können. Versuchen Sie Ihren Welpen in einem solchen Fall abzulenken,

Gewöhnen Sie Ihren Welpen schon frühzeitig an ein ordentliches Gehen an der Leine, wird er auch später nicht ziehen.

machen Sie sich interessant und locken Sie ihn zu sich. Eine weitere Möglichkeit besteht darin, die Leine fallenzulassen, weiterzugehen und den Namen des Welpen zu rufen. Da der Kleine nicht alleingelassen werden möchte, wird er Ihnen automatisch folgen. Nun loben Sie ihn überschwänglich und geben Sie ihm ein Leckerchen oder sein Lieblingsspielzug. Diese Übung sollten Sie natürlich nicht an einer Straße durchführen. Die richtige Motivation spielt für den jungen Hund stets eine entscheidende Rolle. Jeder Schritt in die richtige Richtung wird ausgiebig gelobt.

Akzeptiert Ihr Russell Terrier die Leine, geht es daran, ihn gar nicht erst zum Ziehen zu verleiten. Sobald sich die Hundeleine spannt, rufen Sie Ihren Hund zu sich und klopfen Sie sich dabei gleichzeitig aufmunternd ans Bein. Machen Sie Ihren Hund auf Sie aufmerksam, indem Sie ein Leckerli oder das Lieblingsspiel-

Lassen Sie Ihren Russell möglichst oft frei laufen, damit er sich auch mal so richtig auspowern kann.

Bitte beachten Sie ...

Ab und zu ein kleiner Zug nach vorne ist erlaubt und noch nicht als mangelnde Leinenführigkeit anzusehen. Gönnen Sie Ihrem bellenden Kamerad möglichst oft leinenfreie Phasen, in denen er sich nach Herzenslust so richtig austoben darf.

Reagieren Sie bei einen Leinenzug sofort richtig, merkt Ihr Hund schnell, welche langweiligen Folgen das Ziehen haben kann und unterlässt es bald.

zeug Ihres Vierbeiners in der Hand halten. Reden Sie immer wieder mit Ihrem Terrier und motivieren Sie ihn mit Spaß, an lockerer Leine bei Ihnen zu bleiben. Loben Sie ausgiebig, wenn Ihr kleiner Schüler zu Ihnen kommt und auch bei Ihnen bleibt. Die täglichen Spaziergänge werden für Sie beide interessanter, wenn Sie öfter neue Wege gehen.

Erfolgreiche Verzögerungstaktik

Eine weitere Möglichkeit, eine gute Leinenführigkeit zu erreichen, ist stehen zu bleiben, sobald sich die Leine spannt. Reden Sie nicht mit Ihrem Hund und ziehen Sie auch selbst nicht an der Leine, sondern warten Sie einfach ab. Stoppt der Spaziergang, wird sich Ihr haariger Begleiter schnell umdrehen, um zu sehen, warum es eine Verzögerung gibt. In diesem Moment lockert sich die Leine. Setzen Sie Ihren Gang in die genau entgegengesetzte Richtung fort. Diese Übung verlangt viel Ruhe und Geduld. Zunächst sind etliche Wiederholungen nötig, doch bald hat Ihr Russell Terrier verstanden, dass auf ein Ziehen an der Leine ein sofortiger Stillstand und anschließender Richtungswechsel erfolgt, kein Leinenzug jedoch Spaß bringt.

Um übermäßiges Ziehen an der Leine einzudämmen, ist ein Leinenruck oder -zug Ihrerseits nicht empfehlenswert: Dies kann die empfindliche Halswirbelsäule und den Kehlkopf massiv verletzen. Außerdem zeigen Sie dem Hund genau *das* Verhalten, welches Sie ihm eigentlich abgewöhnen wollen. Ziehen Sie auch dann nicht an der Leine, wenn Ihr Vierbeiner längere Zeit schnüffelt und nicht weiter gehen will. Motivieren Sie ihn lieber mit aufmunternden Worten, einer Spielaufforderung oder einem besonderen Leckerbissen, Ihnen

Damit Ihr kleiner Terrier in Ihrer Abwesenheit keinen Unfug macht, muss er gesittetes Alleinbleiben erst Schritt für Schritt lernen.

Vorsicht mit Flexileinen

Verwenden Sie aufrollbare Flexileinen erst, wenn Ihr Hund zuverlässig leinenführig ist, ansonsten könnte ihn die vermeintlich gegebene Freiheit durch die Länge dieser Leine zu einem stetigen Ziehen verleiten.

zu folgen. Das Weitergehen können Sie sogar üben, indem Sie immer das gleiche Kommando wie beispielsweise „Weiter" sowie eine auffordernde Handbewegung verwenden. Am schnellsten lernt Ihr Hund diese Übung unangeleint auf einer Wiese; weil sich Hunde sehr an Ihrer Körpersprache orientieren, ist es wichtig, dass Sie nach der gesprochenen Aufforderung „Weiter" auch wirklich weiter gehen und nicht stehen bleiben. Folgt Ihnen Ihr Russell Terrier, loben Sie ihn sofort wieder kräftig und geben Sie ihm ein Leckerli oder spielen Sie zur Belohnung mit ihm.

Manchen Hunden genügt bereits die Anwesenheit einer Katze, damit sie sich nicht so einsam fühlen.

Alleinbleiben

Gesittetes Alleinbleiben will gelernt sein und zwar von klein auf, schließlich kann man einen Hund nicht immer und überall hin mitnehmen. Lassen Sie Ihren Hund zunächst nur kurz allein und zwar erst, wenn er sich in Ihrer Umgebung ganz sicher und geborgen fühlt. Verlassen Sie das Zimmer, wenn er schläft oder mit einem Kauröllchen beschäftigt ist. Liegt Ihr Welpe bei Ihrer Rückkehr noch brav auf seinem Platz, loben Sie ihn. Vergrößern Sie langsam die Zeitspanne und gehen Sie schließlich ganz aus dem Haus. Machen Sie kein Drama aus Ihrem Weggang und verabschieden Sie sich nicht. Je mehr Aufhebens Sie um Ihren Aufbruch und Ihre Rückkehr machen, umso eher erziehen Sie Ihren Vierbeiner zu späterer Trennungsangst. Trotz aller Übung gibt es immer wieder „Härtefälle", die sich sehr schwer mit dem gesitteten Alleinbleiben tun. Solchen Hunden können Sie die Zeit des Wartens mit einem kleinen Animationsprogramm versüßen.

Rezepte gegen Langeweile

Damit Ihr Hund Ihre Gardinen, Möbel oder andere Einrichtungsgegenstände verschont, geben Sie ihm Pappschachteln oder leere Allzweckrollen, um seinen Frust abzureagieren.

Ebenfalls hilfreich gegen Langeweile ist ein mit Leckerli oder Rinderhack gefüllter Kong aus dem Zoofachhandel.

Auch kleinere, stabile Kartons mit Deckel garantieren eine abwechslungsreiche Beschäftigung. Verstecken Sie darin in Zeitung gewickelte Leckerlis. Während Supernasen die Knabbereien sofort erschnuppern und eifrig „auspacken", können Sie für weniger Geübte einige „Duftlöcher" in den Deckel stechen.

Versteckt Ihr Hund gerne Leckereien, hat es sich bewährt, ihm Plätze in der Wohnung dafür einzurichten, an denen er nach Herzenslust „graben" darf. Hierfür verteilen Sie beispielsweise ausgediente Handtücher oder Decken an verschiedenen Stellen eines Raumes. Dies schützt Sie auch davor, einen feuchtklebrigen Kauknochen oder ähnliches abends in Ihrem Bett zu finden.

Kurzweiliger wird das Warten ebenfalls mit einem Futterball aus dem Zoofachhandel, der nur ab und zu, bei bestimmten Bewegungen, über verschieden große Öffnungen Leckerlis frei gibt. Hier muss der Hund Geduld und Geschicklichkeit beweisen, wodurch er von anderem Schabernack abgelenkt wird.

Weitere Tipps

Das Alleinbleiben fällt Hunden leichter, die müde sind. Gehen Sie daher vorher mit Ihrem Vierbeiner spazieren oder spielen Sie mit ihm. Auch satte Hunde sind schläfrig. Es empfiehlt sich also außerdem, Ihren Russell Terrier vor Ihrem Weggang zu füttern. Lassen Sie ihn anschließend aber noch einmal nach draußen, damit er sich lösen kann. Viele Hunde tröstet schon ein vertrautes Kleidungsstück wie ein ausrangierter Socken oder eine alte Jacke von Ihnen im Körbchen.

Läuft während Ihrer Abwesenheit das Radio, fühlt sich Ihr Russell Terrier nicht so einsam. Da geteiltes Leid bekanntlich halbes Leid ist, kann auch die Anschaffung eines Zweithundes oder die vorübergehende Vergesellschaftung mit einem befreundeten „Leihhund" aus der Nachbarschaft helfen. Letzteres hat schon so manchen Quälgeist zur Vernunft gebracht, sodass er inzwischen sogar alleine und, ohne außerplanmäßige Dummheiten zu machen, auf Herrchens Heimkehr wartet.

Hat Ihr Vierbeiner während Ihrer Abwesenheit etwas angestellt, schimpfen Sie ihn nicht; dafür müssten Sie ihn wirklich auf frischer Tat ertappen, ansonsten bringt er die Bestrafung nur mit Ihrer Rückkehr, nicht aber mit seinem Vergehen in Zusammenhang. Ignorieren Sie Ihren Hund lieber, bis alle Spuren beseitigt sind.

Abgewöhnen von Jugendsünden

Ab etwa dem achten Lebensmonat beginnt die Flegelphase eines Junghundes. In diese Zeit fällt auch die Geschlechtsreife des Vierbeiners. Nun testet Ihr Russell vermehrt aus, wie weit er gehen kann, und ob er Ihnen wirklich gehorchen muss oder nicht. Außerdem stellt der Jungspund allerhand Unfug an. Manche Hunde sind hierbei sehr erfinderisch. Kein Wunder, schließlich suchen sie mit ihrem aufmüpfigen Verhalten ihre genaue Rangposition innerhalb des Familienrudels. Spätestens jetzt ist ein konsequentes Grenzensetzen enorm wichtig, ansonsten wächst Ihnen Ihr Russell Terrier schnell über den Kopf. Achten Sie unbedingt auf feste sowie klare Regeln und einen strukturierten Tagesablauf. Nur so merkt Ihr Vierbeiner, wer in der Familie das Sagen hat; er orientiert sich daran und passt sich an.

Anspringen

Hunde begrüßen und beschwichtigen ranghöhere Artgenossen, indem sie deren Mundwinkel lecken, ein Verhalten, das im Futterbetteln von Wolfswelpen bei ihrer Mutter begründet liegt. Genauso möchten sich die Vierbeiner bei uns Menschen geben, doch „leider" ist dies den Hunden aufgrund unserer Größe nicht möglich, ohne uns dabei anzuspringen. Zwar ist dieses Verhalten durchaus gut gemeint und gilt als Geste der Unterordnung, trotzdem aber

In der Flegelphase hat ihr Russell Terrier allerhand Blödsinn im Kopf, außerdem testet er oft seine Grenzen aus.

Am besten gewöhnen Sie Ihrem Hund von klein auf ab, Sie und andere Menschen anzuspringen.

ist es, zu Recht, nicht besonders beliebt. Immerhin bringt ein kräftiger Hund eine gewisse Masse mit, die einen nicht ganz standfesten Menschen im wahrsten Sinne des Wortes umhauen kann. Außerdem sind gerade bei Schmuddelwetter hündische Drecktapser auf einer hellen Hose nicht unbedingt wünschenswert. Gewöhnen Sie daher schon dem Welpen ab, Menschen anzuspringen, indem Sie Ihrem Besuch mit Nachdruck verbieten den Hund zu begrüßen. Hat der Welpe den Besuch als nicht besonders begrüßenswert wahrgenommen und trollt sich in seinen Korb, dann ist der Zeitpunkt gekommen, den kleinen Kerl zu rufen und ruhig zu streicheln. Wenden Sie sich Ihrem Hund allerdings erst zu, wenn er sich etwas beruhigt hat. Kommentieren Sie ein eventuelles Springen mit einem energischen „Ab" und loben Sie Ihren Russell Terrier ausgiebig, wenn er unten bleibt.

Knabber- und Beißspiele

Absolut unerwünscht ist das Beknabbern und Zerbeißen von Schuhen oder Ähnlichem. Der bellende Teenager zwickt auch gerne in Hände, Füße und (Hosen-)Beine. Zwar ist das Knabbern nicht generell schlecht, immerhin nimmt der Junghund damit seine Umgebung ganz genau unter die Lupe; neue Dinge lernt er also auf diese Weise erst einmal kennen. Trotzdem müssen Sie dieses Verhalten zu Hause in die richtigen Bahnen lenken, zumal Russell Terrier hier eine ziemliche Hartnäckigkeit an den Tag legen können. Am besten bekommt Ihr Terrier gar keine Gelegenheit, an Ihre Schuhe oder Socken zu gelangen. Hat er doch einmal etwas Unerlaubtes zwischen den Zähnen, nehmen Sie es ihm wortlos weg. Nach einer kurzen Pause lenken Sie ihn mit einem kleinen Spiel ab, und geben ihm anschließend ein erlaubtes Kauspielzeug. In dieser Phase ist es besonders wichtig, dem Vierbeiner genügend legale Knabberspielsachen aus Hartgummi, Hartholz oder Büffelhaut zur Verfügung zu stellen, denn häufig kaut der Welpe schon aus Langeweile. Ebenfalls unerlässlich ist natürlich eine angemessene Auslastung durch Spaziergänge und Spiele.

Vergreift sich Ihr Terrier im Spiel zu fest an Ihrer Hand, quietschen Sie laut wie ein anderer Welpe und fassen ihm mit der anderen Hand über seine Schnauze. Beenden Sie das Spiel sofort. Bald stellt der Kleine sein Zwicken ein, denn der stets folgende Spielentzug macht das Beißen unattraktiv.

Schuhe beknabbern oder es sein lassen, das ist hier die Frage ...

Bekommt Ihr Vierbeiner nie etwas vom Tisch, wird er sich auch kein Betteln angewöhnen.

Betteln

Füttern Sie Ihren Hund am Tisch, fordert Ihr PRT oder JRT mit der Zeit seinen Obolus schon durch vehementes Betteln ein. Selbst wenn Sie dieses Verhalten nicht stört, fällt Ihr Junghund und damit auch Ihre Erziehung bei Besuchern oder in einer eventuellen Pflegestelle doch sehr negativ auf. Damit es erst gar nicht so weit kommt, richten Sie Ihrem Vierbeiner von Anfang an einen eigenen, festen Futterplatz ein; nur hier wird er gefüttert. Während Ihrer Mahlzeit muss Ihr Vierbeiner auf seinem Platz liegen. Möchten Sie ihm dennoch ein kleines Stückchen Wurst oder Käse von Ihrer Brotzeit aufheben, geben Sie es dem Hund trotzdem erst in seine Futterschüssel, wenn Sie mit Essen fertig sind.

Obwohl sie so klein sind, zeigen sich Russell Terrier enorm erfinderisch, wenn es darum geht, etwas Essbares vom Tisch zu klauen.

Futterklau

Viele Hunde klauen bei jeder Gelegenheit wie die Raben alles Essbare vom Tisch. Trotz ihrer geringen Größe sind auch JRT hier unglaublich erfinderisch, um an Nahrhaftes zu gelangen. Dies ist dem Vierbeiner nur schwer abzugewöhnen, denn es handelt sich dabei um ein selbst belohnendes Verhalten: Der Hund wird mit dem geklauten Futter umgehend für seine Tat belohnt. Diese Verstärkung bringt Ihren Hund also dazu, die unerlaubte Handlung immer wieder durchzuführen. Am besten lassen Sie nichts Essbares in Reichweite Ihres Russells liegen.

Schimpfen Sie Ihren Hund nur, wenn Sie ihn auf frischer Tat ertappen, ansonsten hat er seinen Diebstahl vergessen und bringt die Strafe mit Ihrer Rückkehr in Verbindung. Einen Futterklau können Sie auch provozieren und gleich mit einem schlechten Erlebnis für den Vierbeiner kombinieren: träufeln Sie beispielsweise etwas Zitronensaft über Ihr verlockendes Essen und lassen Sie Ihren Vierbeiner damit alleine; möchte er nun den vermeintlichen Leckerbissen klauen, wird er sein saures Wunder erleben und Ihr Essen in Zukunft meiden.

Springen auf Möbel

Hunde springen gerne auf das Bett, die Couch oder einen Sessel, denn sie lieben erhöhte Sitz- und Liegeplätze. Neben dem gemütlichen Liegekomfort spielt hier auch die tolle Rundumsicht, mit der Ihr Hund stets alles im Blick hat, eine Rolle. Im Prinzip spricht nichts dagegen, wenn Ihr Terrier auf Kommando hinauf- und wieder hinabspringt. Tut er das nur unter Protest, lassen Sie ihn gar nicht mehr nach oben.

Hunde lieben erhöhte Liegeplätze, da sie hier stets alles im Blick haben.

Wird Ihr Russell genügend beschäftigt, entwickelt er sich auch nicht zum Dauerkläffer.

Wollen Sie dies nicht, nützt eine Bestrafung jedoch wieder nur, wenn Sie den Täter prompt überführen. Machen Sie Ihrem Vierbeiner bevorzugte Liegeflächen wie Bett oder Couch während Ihrer Abwesenheit so ungemütlich wie möglich: Legen Sie eine dünne Decke aus, unter der Sie lärmende Gegenstände wie Topfdeckel oder mit Kieselsteinen gefüllte Blechdosen verstecken. Springt Ihr Hund nun auf das so präparierte Sofa, erschreckt er durch die laut scheppernden Dinge. Auch der Liegekomfort ist dadurch stark beeinträchtigt, Ihre Couch verliert somit schnell ihren Reiz. Manchmal reicht es sogar schon, den verbotenen Platz mit beidseitigem Klebeband zu präparieren: bei jeder Berührung ziept es, weil einige Haare daran hängen bleiben.

Übermäßiges Bellen

Dauerkläffen kann verschiedene Ursachen haben. Viele Hunde bellen, um mehr Aufmerksamkeit zu bekommen. Ihre wütende Reaktion reicht ihnen meist schon als Bestätigung und Motivation weiterzumachen. Andere Vierbeiner bellen aus Unsicherheit oder Angst: Etliche sensible Vertreter werden gerade während Ihrer Abwesenheit aus Verlassensangst laut (siehe Kapitel „Alleinbleiben"). Manchen Kläffern wurde das Bellen auch unbewusst anerzogen: Gerade bei Junghunden wird das Anschlagen häufig in bestimmten Situationen durch eine Belohnung gefördert. Oft steigern sich Hunde immer weiter in ihr Kläffen hinein, gerade Russell Terrier sind zudem äußerst wachsam. Um übermäßiges Bellen abzustellen ist in erster Linie eine intensive, auslastende Beschäftigung wichtig. Fordern Sie Ihren Terrier mit einer alternativen Aufgabe. Loben und Belohnen Sie Ihren Hund in Bellpausen ausgiebig. Lassen Sie Ihren redseligen Vierbeiner während seiner „Arie" ins „Platz" gehen: Im Liegen fühlen sich Hunde unsicherer und möchten nicht noch zusätzlich auf sich aufmerksam machen. Auch ein großer Kauknochen kann hilfreich sein. Bellt Ihr Russell im Garten oder auf dem Balkon, wirkt eine Wasserpistole mit größerer Reichweite Wunder: Der Hund wird überraschend getroffen und verbindet die Strafe nicht mit Ihrer Hand.

Grundkommandos

„Sitz"

Reagiert Ihr PRT oder JRT zuverlässig auf seinen Namen, beginnen Sie mit der „Sitz"-Übung. Nehmen Sie hierfür ein Leckerli in die Hand, zeigen Sie es Ihrem Hund, damit er aufmerksam wird, aber geben Sie es ihm noch nicht. Führen Sie nun den Futterbrocken langsam an der Nasenspitze des Vierbeiners vorbei nach oben und dann nach hinten, in Richtung Hundestirn. Weil Ihr haariger Schüler dem

Mithilfe eines Leckerlis gelingt es schnell, Ihrem Welpen das „Sitz" beizubringen.

verlockenden Leckerbissen folgen möchte, muss er sich am Ende Ihrer Handbewegung zwangsläufig hinsetzen. Belohnen Sie ihn jetzt sofort mit der Leckerei, sagen Sie dabei das Kommando „Sitz" mehrmals. Wiederholen Sie diese Übung mehrmals täglich. Setzt sich Ihr Vierbeiner nicht hin, versuchen Sie es mit einem reizvolleren Leckerli. Auch bei dieser Übung sind Geduld und Selbstbeherrschung gefordert. Sprechen Sie so lange nicht mit Ihrem Schüler, bis er sich setzt. Erst im Moment des Hinsetzens sagen Sie mehrmals hintereinander „Sitz" und belohnen den Welpen mit Futter. Genauso wichtig wie das Kommando „Sitz" ist ein auflösendes Kommando, z. B. „Lauf". Werfen Sie ein Futterbröckchen einige Zentimeter vor den Hund und sagen „Lauf". Später wird Ihr Hund so lange sitzen bleiben, bis er das Auflösungskommando von Ihnen erhält. Achtung: Es ist wichtig, dass besonders zu Beginn der Ausbildung die Auflösung eines Kommandos schnell gegeben wird; in jedem Fall bevor der Hund von sich aus aufsteht und die Übung nach seinem Ermessen beendet! Klappt die Lektion schließlich auf Kommando, verwenden Sie zusätzlich zur Sprache ein Sichtzeichen (z. B. erhobener Zeigefinger). Später genügt das visuelle Signal, damit Ihr Russell Terrier absitzt. Das Erlernen von Sichtzeichen kann Ihnen und Ihrem Hund vor allem auf die Entfernung hin sehr nützlich sein. In der Regel lernen Hunde das „Sitz" sehr schnell.

Aufgepasst!

Trainieren Sie mit Ihrem Russell Terrier nur, wenn Sie seine volle ***Aufmerksamkeit*** *haben. Machen Sie sich für Ihren Hund zunächst also mit einem Leckerli oder seinem Lieblingsspielzeug interessant. Beginnen Sie die Übung erst, wenn Ihr Vierbeiner genau auf Sie achtet.*

„Platz"

Das Einüben des „Platz"-Befehls ist häufig schwieriger als das Erlernen des Kommandos „Sitz", weil das Hinlegen auf Befehl vom Hund als Unterordnung empfunden wird. Nicht jeder Vierbeiner möchte sich so einfach ergeben, daher kann es hierbei vor allem mit sehr selbstbewussten Hunden Probleme geben.

Lassen Sie Ihren Russell Terrier zunächst vor Ihnen absitzen und anschließend an Ihrer Hand schnuppern, in der ein Leckerli versteckt ist. Gehen Sie dann mit Ihrer verlockend duftenden Hand von der Hundenase abwärts zwischen den Vorderbeinen des Hundes bis auf den Boden; dort angekommen ziehen Sie das Leckerli langsam zu sich her. Da Ihr haariger

Auch auf diese Weise können Sie mit Ihrem Vierbeiner das „Platz" trainieren.

Ein entsprechendes Sichtzeichen signalisiert Ihrem Russell in der jeweiligen Position zu verharren.

Schüler dem Futterbrocken mit der Nase folgen möchte, wird er sich aus Bequemlichkeit am Ende von selbst hinlegen, um besser an Ihre Hand zu gelangen. Sagen Sie genau in diesem Moment „Platz", loben Sie den Hund ausgiebig und belohnen Sie ihn mit dem Leckerli. Diese Übung funktioniert auch, wenn Sie sich auf den Boden knien, ein Bein nach vorne ausstrecken und den Hund mit einem Leckerli unter Ihrem gestreckten Bein hindurch locken. Auch dieses Kommando sollten Sie anfangs rasch wieder auflösen. Klappt das „Platz", führen Sie ein zusätzliches Sichtzeichen ein. Winkeln Sie dafür beispielsweise Ihren Unterarm im 90°-Winkel an und strecken Sie ihn langsam nach unten aus; Ihre Handfläche bleibt dabei ebenfalls ausgestreckt.

„Bleib"

Das Kommando „Bleib" wird in der Hundeerziehung meist unterschätzt. In vielen Situationen kann es von großer Bedeutung sein, den Vierbeiner in einer bestimmten Position verharren zu lassen, beispielsweise vor dem Bäcker, im offenen Kofferraum, an einer Straße oder um den Hund von der Verfolgung von Wild oder einer Katze abzuhalten. Am einfachsten lernt Ihr Terrier den Befehl „Bleib" über die Grundkommandos „Sitz" und „Platz". Lassen Sie Ihren Vierbeiner zunächst vor Ihnen absitzen oder abliegen. Kombinieren Sie dabei das „Sitz" oder „Platz" ab jetzt mit dem Wort „Bleib". Verwenden Sie zusätzlich von Anfang an folgendes Sichtzeichen: Ihre Handfläche zeigt am ausgestreckten Arm zu Ihrem Hund. Dies symbolisiert Ihrem Russell ein Stopp bzw. ein Verharren in der momentanen Position.

Erstrecken Sie das „Bleib" anfangs nur über eine sehr kurze Zeitspanne (gehen Sie einen Schritt rückwärts und sofort wieder vor, auf Ihren Hund zu) und steigern Sie diese erst allmählich. Sparen Sie wie immer nicht mit Lob. Schimpfen Sie andererseits nicht, wenn Ihr wedelnder Schüler zunächst nicht in der gewünschten Stellung bleibt. Hier helfen nur

„Bleib"-Training für Regentage

Den „Bleib"-Befehl können Sie an Regentagen auch gut in der Wohnung üben. Entfernen Sie sich zunächst nur innerhalb des Zimmers vom Hund. Solange Sie noch in Sichtweite sind, verwenden Sie unbedingt zum gesprochenen Kommando das Sichtzeichen, ein Signal, das Ihnen in freier Natur auf große Entfernung hin wertvolle Dienste leistet. Später verlassen Sie den Raum ganz, wobei Ihr Russell Terrier seine Position solange nicht verändern darf bis Sie es ihm erlauben. Erfinden Sie aus dieser Übung heraus Indoor-Spiele wie beispielsweise „Verstecken" (Mensch, Gegenstände, Futter etc.). Sparen Sie selbstverständlich auch bei Spielen nie mit Lob. Stecken Sie Ihren eifrigen Vierbeiner mit guter Laune an, nur so macht Lernen Spaß!

Geduld und ein wortloses erneute In-Position-Bringen unter Verwendung der entsprechenden Befehle (z. B. „Sitz und Bleib") und des Sichtzeichens. Vergrößern Sie neben dem Zeitfaktor allmählich auch die Entfernung zum Hund. Erhöhen Sie den Schwierigkeitsgrad nach und nach,

Das „Bleib" lässt sich gut nutzen, um gelungene Fotoaufnahmen zu bekommen.

indem Sie die Übungsorte wechseln und außerdem Ablenkungen für Ihren Russell Terrier schaffen, auf die er natürlich nicht reagieren darf (z. B. durch Geräusche, Gegenstände, andere Menschen, andere Hunde). Selbst wenn Sie außer Sichtweite sind, sollte Ihr vierbeiniger Gefährte schließlich in der gewünschten Position verharren. Erschweren Sie die Übung immer erst dann, wenn der vorausgegangene Schritt wirklich sitzt und heben Sie das Kommando immer erst durch ein Gegenkommando wie „Lauf" wieder auf. Beherrscht Ihr haariger Kamerad das Kommando „Bleib" perfekt, können Sie es ab jetzt in Ihren Alltag integrieren und Ihren vierbeinigen Musterschüler beispielsweise in Erwartung eines leckeren Mitbringsels vor einem Supermarkt oder bei einer Revierkontrolle neben Ihrem Rucksack beziehungsweise unter dem Hochsitz warten lassen. Auch als ruhig verharrendes Fotomodell macht Ihr Russell nun eine gute Figur.

„Hier"

Trainieren Sie das Herkommen zunächst in einem abgeschlossenen Terrain, in dem sich für den Hund möglichst wenige Ablenkungen bieten. Stellen Sie sich in kurzer Distanz vor den Hund hin und gehen Sie in die Hocke. Ist Ihr PRT oder JRT voll auf Sie konzentriert, rufen Sie ihn beim Namen. Läuft er in Ihre Richtung, geben Sie sofort das Kommando „Hier". Locken Sie Ihren Hund zusätzlich mit einem Leckerli oder seinem Lieblingsspielzeug. Kommt der Vierbeiner auf Sie zu, loben und belohnen Sie ihn ausgiebig. Vergrößern Sie die Distanz nach und nach. Gehen Sie je-

Machen Sie sich für Ihren Russell interessant und loben Sie ihn für jeden Schritt in die richtige Richtung.

Ein mit Leckerlis gefüllter Futterbeutel ist ein gutes Lockmittel, wenn es ums Erlernen des Kommandos „Hier" geht.

doch wie immer erst zur nächsten Trainingseinheit über, wenn die Vorherige sicher sitzt. Loben Sie den Vierbeiner wieder überschwänglich, wenn er bei Ihnen ankommt.
Klappt das „Hier" zuverlässig in abgeschlossenem Terrain, beginnen Sie mit ersten Übungen im freien Feld. Dabei erweist sich eine leichte 5 m lange Schleppleine als hilfreich. Lassen Sie die Leine neben dem Hund schleifen. Reagiert er auf das Kommando „Hier" nicht, ziehen Sie Ihren Russell ganz sanft und kommentarlos zu sich her. Schnell lernt Ihr haariger Gefährte, Ihren verlängerten Arm zu respektieren und zuverlässig auf Befehl zu kommen, auch wenn Ablenkungen in der Nähe sind.
Die tägliche Fütterung eignet sich ebenfalls als Lockmittel. Wartet der Hund beispielsweise hungrig auf sein Futter, bringen Sie ihn in ein anderes Zimmer und lassen ihn dort von einer Hilfsperson festhalten. Gehen Sie dann zurück zum Napf und rufen „Hier" oder benutzen Sie die Hundepfeife. Der Vierbeiner wird losgelassen und rennt sofort zu Ihnen beziehungsweise seinem heiß ersehnten Fressen. Mit dieser Methode verknüpft Ihr Terrier den gerufenen „Hier"-Befehl, der dem Pfiff auf der Hundepfeife entspricht, immer mit etwas Angenehmem.

Lern-Tipps

Trainieren Sie kein neues Kommando ehe das vorher angefangene nicht sicher klappt! Üben Sie nie mit Ihrem Hund, wenn Sie gestresst und schlecht gelaunt sind oder keine Zeit haben. Ihre negative Stimmung überträgt sich sofort auf Ihren vierbeinigen Schüler; er ist dadurch verunsichert und bekommt unter Umständen eine Lern blockade. An erster Stelle des Trainings muss immer Spaß und gute Laune stehen.

Versuchen Sie die Neugier Ihres Welpen zu wecken, dann ist für ihn der Anreiz größer, zu Ihnen zurückzukommen.

Kommt Ihr Hund mehr oder weniger zufällig zu Ihnen, sagen Sie erneut sofort das Kommando „Hier" und loben und belohnen Sie ihn überschwänglich. Auch dieses Zufallsprinzip ist Erfolg versprechend.

Lob und Strafe

Lob ist in der Hundeerziehung der Schlüssel zum Erfolg. Belohnen Sie jeden Schritt in die richtige Richtung eines erwünschten Verhaltens sofort, auch wenn Ihr Hund zufällig handelt. Nur so motivieren Sie Ihren Vierbeiner, aus Spaß an der Freude mit Ihnen weiterzuarbeiten. Richten Sie die Art der Belohnung individuell nach den Vorlieben Ihres PRT oder JRT: Manche Hunde freuen sich schon sehr über ein gesprochenes Lob und Streicheleinheiten, andere bevorzugen Leckerlis; einige Vertreter sind glücklich, wenn sie ihr Lieblingsspielzeug bekommen, wieder andere empfinden ein lustiges Spiel als tolle Belohnung.
Setzen Sie Strafen dagegen nicht in Form von körperlicher Gewalt ein: Eine körperliche Züchtigung kann, abgesehen von einem ra-

schen Vertrauensbruch, sogar als positive Verstärkung wirken, schließlich bekommt der Vierbeiner damit Aufmerksamkeit bzw. Zuwendung, auch wenn diese negativer Art ist. Sie bestärkt ihn wiederum in seinem Fehlverhalten und veranlasst ihn dazu, weiterzumachen. Deutlich wirkungsvoller als Gewalt ist der Entzug von Zuwendung, wenn es die Sitation zulässt. Ignorieren Sie unerwünschtes Verhalten also einfach.

Bellt Ihr Hund beispielsweise übermäßig, beachten Sie es nicht; belohnen Sie andererseits aber jede Bellpause. So lernt Ihr vierbeiniger Freund, dass sich Nicht-Bellen mehr auszahlt als Kläffen. Eine weitere wirksame Vorgehensweise gegen unerwünschtes ist, Ihren renitenten Russell in eine bestimmte langweilige Zimmerecke zu schicken, in der es weder Zuwendung, Futter, eine Schlafdecke und Spielsachen, noch ein interessantes Fenster zum Hinausschauen und Beobachten gibt. Stellt Ihr Terrier etwas Verbotenes an, bringen Sie ihn sofort (Innerhalb von zwei Sekunden) nach einem (!) kurzen Befehl („Nein", „Aus", „Pfui" etc.) auf den vorher beschriebenen faden Platz; hier bleibt Ihr Vierbeiner für die nächsten zwei bis fünf Minuten. Anschließend holen Sie ihn wieder, jedoch ohne ihn zu begrüßen oder ein Wort zu sagen. Die Sache ist nun erledigt und Sie gehen wieder zur Tagesordnung über. Beginnt Ihr Hund erneut mit Unfug, ermahnen Sie ihn einmal (!) mit demselben Befehl von vorhin („Nein", „Aus", „Pfui" etc.) Reicht dies noch nicht aus, um ihn von seinem Vorhaben abzubringen, muss er wieder in seine „Schämecke". Schon bald merkt Ihr Terrier, dass sein Schabernack langfristig keinen Spaß macht. Bestimmte Angewohnheiten können Sie Ihrem Hund auch abgewöhnen, indem Sie ihm seine Macken einfach verleiden oder seine Aufmerksamkeit auf etwas Erlaubtes umlenken (siehe Kapitel „Abgewöhnen von Jugendsünden").

Ignorieren ist für Ihren Hund als Strafe deutlich wirkungsvoller als körperliche Gewalt.

Lob ist in der Hundeerziehung das A und O. Sparen Sie also nicht damit.

Fazit Sparen Sie in der Hundeerziehung also nicht mit Lob und Belohnung. Strafen Sie dagegen nur wohldosiert und gut überlegt, denn das Vertrauen eines Vierbeiners ist durch unüberlegtes Handeln schneller zerstört, als es sich später wieder aufbauen lässt.

Bitte beachten Sie Schwerwiegende Verhaltensauffälligkeiten wie Schnappen oder Beißen dürfen selbstverständlich nicht ignoriert werden. Wenden Sie sich in einem solchen Fall unbedingt an einen kompetenten Hundetrainer.

Pflege

Am besten machen Sie bereits den Welpen mit bestimmten Pflegemaßnahmen vertraut.

Welche Pflegemaßnahmen sind nötig und wie gewöhnt man seinen Terrier daran?

Da bestimmte Pflegemaßnahmen bei Hunden unerlässlich sind, gewöhnen Sie am besten schon Ihren Welpen an die wichtigsten Handgriffe. Gehen Sie grundsätzlich bei allen Pflegemaßnahmen sanft und behutsam vor. Macht das Hundekind hier schlechte Erfahrungen oder dauert es ihm zu lang, wird es Körperpflege zukünftig als unangenehm empfinden und ihr lieber aus dem Weg gehen wollen. Pfotenabputzen und Stillhalten beim Bürsten müssen erst einmal gelernt werden. Führen Sie Ihren Welpen auch möglichst frühzeitig an die Augen-, Ohr-, Zahn- und Krallenkontrolle heran. Bleibt Ihr Hundekind bei der Pflege ruhig und gelassen, belohnen und loben Sie es ausgiebig. Wehrt sich dagegen Ihr junger Vierbeiner oder wird er albern, bringen Sie ihn mit einem bestimmten „Nein" zur Ruhe. Hält er wieder still, loben Sie ihn und belohnen ihn zudem mit sofortigem Übungsende.

Je nach Art des Haarkleides haben Russell Terrier unterschiedliche Fellpflegeansprüche.

Fellpflege

Wölfe haben ihre ganz eigene Art der Fellpflege: Sie nehmen Sand- und Schlammbäder, die gleichzeitig wie eine Massage wirken und die Talgdrüsen der Haut anregen. Die Haare werden durch Lecken gereinigt, wobei der Speichel dabei Keime abtötet. Unsere Hunde verhalten sich ganz ähnlich, allerdings entspricht diese Art der Fellpflege nicht unserem hygienischen Verständnis, sodass wir hier gerne nachhelfen. An das Bürsten gewöhnt sich der Russell Terrier in der Regel schnell, denn bald merkt er, dass Fellpflege auch eine sehr angenehme Massage sein kann, die hervorragend die Durchblutung der Haut anregt. Bürsten Sie immer mit dem Strich, also in Haarwuchsrichtung von vorne nach hinten und untersuchen Sie Ihren bellenden Freund nebenbei gleich auf einen eventuellen Parasitenbefall oder Hautverletzungen. In der Regel reicht einmal wöchentliches Bürsten mit einem Naturhaarstriegel oder einem Noppenhandschuh. Rau- und stichelhaarige Hunde sollten mindestens zweimal jährlich, am besten im Frühjahr während des Fellwechsels, getrimmt werden. Unterstützen Sie den halbjährlichen Haarwechsel von innen mit einer über das Futter gestreuten Kräutermischung aus Löwenzahn, Birkenblättern, Brennnesseln und Ackerschachtelhalm. Spitzwegerich, Kerbel und Petersilie helfen aufgrund ihres hohen Vitamingehalts, das Immunsystem anzuregen. Entsprechende Fertigpräparate gibt es inzwischen im Fachhandel zu kaufen.

Selbst dieser weiße Knirps sollte nur in Ausnahmefällen gebadet werden, denn auch sein Fell ist eigentlich selbstreinigend.

Weil zu häufiges Baden die Schmutz abweisende und wetterfeste Schutzschicht des Felles zerstört, sollten Sie Ihren Welpen nur im Notfall in die Wanne setzen. Anschließendes Föhnen ist zu vermeiden, denn das ungewohnte Geräusch, die Lautstärke und das warme Gebläse machen einem Hund leicht Angst. Rubbeln Sie den Kleinen nach dem Abspülen eines milden Hundeshampoos lieber gut mit einem Handtuch trocken und lassen Sie ihn an kalten Tagen wegen der Erkältungsgefahr nicht sofort ins Freie, sondern stellen Sie seinen Korb in die Nähe der wärmenden Heizung. In der Regel reicht das Ausbürsten oder Abrubbeln von Schmutz.

Pfoten

Nützen sich die Krallen Ihres PRT oder JRT nicht auf natürliche Weise ab, müssen sie von Zeit zu Zeit geschnitten werden, damit sie nicht abbrechen. Führen Sie Ihren Welpen hier ganz langsam und in kleinen Schritten heran: nehmen Sie zunächst immer wieder

Üben Sie die Krallenkontrolle und das Pfotenabputzen zunächst nur durch ein abwechselndes Aufnehmen der einzelnen Pfoten.

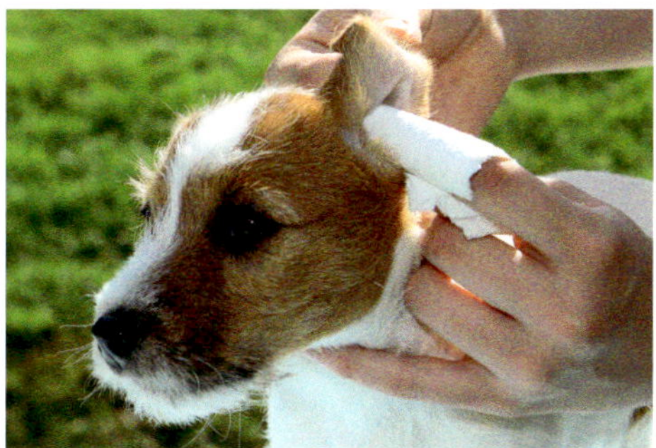

Säubern Sie den Gehörgang Ihres Hundes nur mit speziellen Flüssigreinigern vom Tierarzt und entfernen Sie Verschmutzungen am Ohrrand mit einem weichen Tuch.

abwechselnd eine seiner Pfoten auf und halten Sie diese kurz in der Hand. Fasst der Hund Ihr Vorgehen als lustiges Spiel auf oder will er seine Pfote wegziehen, korrigieren Sie ihn mit einem energischen „Nein“; bleibt er ruhig, loben Sie ihn ausgiebig. Zum Krallenschneiden verwenden Sie eine spezielle Zange aus dem Fachhandel. Achten Sie darauf, dass Sie keine Blutgefäße verletzen. Am besten lassen Sie sich die richtige Technik erst einmal von Ihrem Tierarzt zeigen.
Das Pfotenabputzen üben Sie ebenfalls durch das abwechselnde Aufnehmen der Pfoten. Möchte Ihr Junghund während des Abputzens in das Handtuch beißen, reagieren Sie erneut mit einem „Nein“. Verhält er sich dagegen brav, winkt am Ende wieder eine Belohnung. Im Winter empfiehlt sich zusätzlich eine regelmäßige Ballenkontrolle, denn durch das viele Streusalz wird die Pfotenunterseite leicht trocken oder rissig; Abhilfe schaffen Einreibungen mit Hirschtalg, Melkfett oder Vaseline.

Augen, Ohren, Zähne

Besonderer Behutsamkeit bedarf das Heranführen an die Augenpflege. Streichen Sie Ihrem Welpen schon

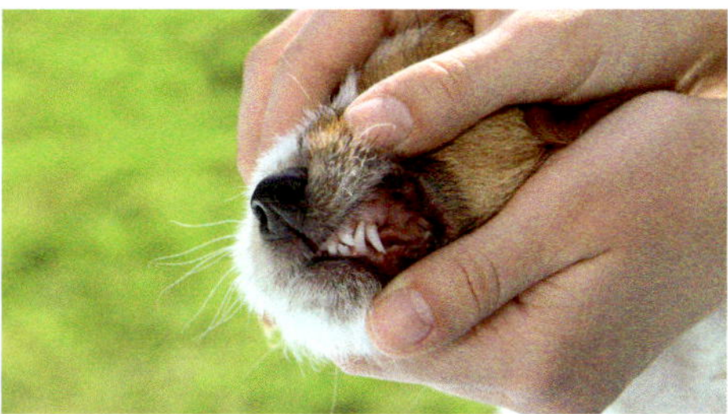

Etwa ab dem vierten Lebensmonat benötigt der Welpe genügend hartes Kaumaterial, weil ihm dies den Zahnwechsel erleichtert.

Zahnwechsel bei Welpen

Der Zahnwechsel beginnt etwa im vierten Lebensmonat. Geben Sie Ihrem Vierbeiner in dieser Zeit genügend Kaumaterial wie Büffelhautknochen und Spielzeug aus Hartgummi oder Hartholz. Gegen eventuell auftretende Schmerzen helfen, wie bei Babys, das zuckerfreie Dentinox-Gel aus Kamillenblüten oder das homöopathische Kombi-Präparat Osanit. Fällt ein Milchzahn auch nach längerer Zeit nicht von selbst aus, obwohl schon der neue Zahn sichtbar ist, lassen Sie den alten vom Tierarzt ziehen, um Gebissfehlstellungen zu vermeiden.

im Spiel oder während des Streichelns immer wieder kurz über die Augen. Sekret oder Verkrustungen in den Augenwinkeln entfernen Sie später mit einem weichen, feuchten, sauberen Tuch. Im Zoofachhandel bekommen Sie hierfür spezielle Pflegetücher.

Auch die Ohren sollten Sie öfter kontrollieren. Als Vorübung zur Ohrenpflege heben Sie die Behänge immer wieder mal an und sehen in die Ohrmuschel hinein. Achten Sie darauf, dass sich weder Krusten oder Fremdkörper im Ohr befinden noch Haare in den Gehörgang wachsen. Eventuell vorgefundene, unangenehme Parasiten müssen schnell behandelt werden. Halten Sie das Hundeohr sauber, damit es nicht zu schmerzhaften Entzündungen durch Bakterien oder Pilze kommt. Verwenden Sie für die Säuberung des Gehörgangs jedoch keine Wattestäbchen, sondern nur spezielle Flüssigreiniger vom Tierarzt.

Eine regelmäßige Zahnkontrolle führen Sie am besten von klein auf bei Ihrem Russell Terrier durch. Während des Zahnwechsels braucht der junge Vierbeiner genügend Kaumaterial (siehe Kasten). Harte Leckereien zwischendurch entfernen schädliche Beläge. Zur dauerhaften Gesunderhaltung von Zähnen und Zahnfleisch empfiehlt sich regelmäßiges Zähneputzen; hierfür gibt es im Zoofachhandel oder bei Ihrem Tierarzt Hundezahnbürsten und -pasten. Aber auch zahnpflegende Kau-strips haben

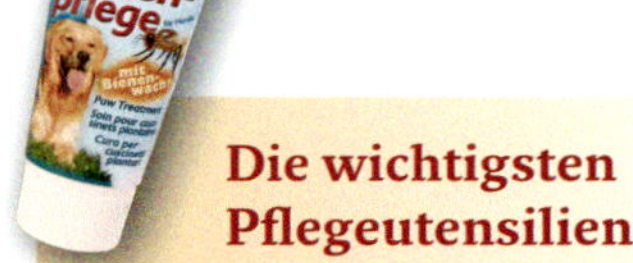

Die wichtigsten Pflegeutensilien

- ✓ Je nach Haarart Ihres Hundes Striegel oder Noppenhandschuh
- ✓ Flüssiger Ohrreiniger vom Tierarzt
- ✓ Reinigungstücher für die Augen
- ✓ Hundezahnbürste und -pasta bzw. Kaustripes zur Zahnpflege
- ✓ Krallenschere
- ✓ Vaseline, Hirschtalg oder Melkfett zur Ballenpflege
- ✓ Zeckenzange

Achten Sie beim Schlafplatz Ihres Russells auf Hygiene: Alle Decken, Kissen und Polster sollten maschinenwaschbar sein.

Weitere Pflege-Tipps

Auch regelmäßige Impfungen gegen Staupe, Hepatitis, Leptospirose, Parvovirose und Tollwut sowie Entwurmungen gehören zu den obligatorischen Pflegemaßnahmen bei einem Hund. Um einen Parasitenbefall zu vermeiden, ist außerdem ein sauberer Schlafplatz wichtig: Verwenden Sie nur Decken, Kissen oder Polster, die maschinenwaschbar sind. Untersuchen Sie Ihren Russell Terrier zudem von Frühjahr bis Herbst täglich auf Zecken, denn diese könnten Ihren Hund mit Borreliose infizieren. Spezielle Präparate schützen vor starkem Zeckenbefall. Lassen Sie sich bei der Wahl des richtigen Mittels von Ihrem Tierarzt beraten.

sich bewährt. Allerdings sind diese in Hundekreisen wohl Geschmacksache und nicht bei jedem Vierbeiner beliebt.

Schmuddelwetter-Tipps

An Schlechtwettertagen ist ein Handtuch unverzichtbar. Am besten legen Sie schon im Auto ein Tuch griffbereit, um Ihren Russell Terrier bereits vor dem Einsteigen gründlich abrubbeln zu können. Im Fahrzeug selbst hat es sich bewährt, den Hundeplatz mit einer waschbaren Decke oder einer Gummischmutzfangmatte auszustatten: Beide Teile sind leicht separat zu reinigen, ohne dass Sie gleich das ganze Auto unter Wasser setzen müssen. Ebenfalls möglich ist die Unterbringung des nassen Hundes in einer mit saugfähigen Tüchern ausgelegten Transportbox, denn auch diese ist einfach zu säubern und begrenzt den Schmutzeintrag auf eine kleine Fläche.

Legen Sie ein weiteres Handtuch vor die Haustür, mit dem Sie Ihren Russell bereits vor der Wohnung gründlich abrubbeln können. So bleibt der größte Dreck auf jeden Fall draußen. Kann Ihr haariger Kamerad jederzeit zwischen Haus und Garten frei pendeln, empfiehlt sich ein feuchtes oder gut saugendes Tuch auf dem Boden des Verbindungsbereiches. Läuft Ihr Hund nun in die Wohnung, tritt er sich schon ganz automatisch die Pfoten auf seinem „Eingangsteppich“ ab.

Gerade in der Schmuddelwetterzeit ist es sehr vorteilhaft, wenn Ihr Vierbeiner auf Kommando seinen Platz aufsucht und dort so lange bleibt, bis Sie den Befehl wieder aufheben. Ist Ihr haariger Begleiter also noch nicht ganz trocken, können Sie ihn sofort nach der Rückkehr vom Spaziergang in sein Körbchen schicken, ehe er überhaupt die Gelegenheit hatte, den Dreck im ganzen Haus zu verteilen. Für einen noch feuchten Vierbeiner ist ein Hundeplatz

Trocknen Sie empfindliche Hunde nicht nur bei Regenwetter, sondern auch nach einem Bad bei kühleren Temperaturen gut ab.

Für diese drei gibt es kein schlechtes Wetter, dank guter Kleidung.

an der wärmenden Heizung angebracht; beachten Sie außerdem unbedingt: Zugluft ist für einen nassen Hund Gift.
Mit etwas Geduld und Geschick des Halters lernen besonders eifrige Vierbeiner auch, sich bereits vor dem Haus auf Befehl zu schütteln oder auf dem Fußabstreifer die Pfoten abzuputzen. Gewöhnen Sie Ihrem Vierbeiner außerdem von vornherein ab, Sie oder andere Menschen anzuspringen (siehe Kapitel „Abgewöhnen von Jugendsünden"). Besucher mit hellen Hosen werden nicht von einer stürmischen Begrüßung Ihres nassen Russells begeistert sein.
Für Sie als begleitender Zweibeiner ist ein extra Schlechtwetter-Dress ratsam, das heißt: Tragen Sie lieber alte Sachen und nicht gerade die tollsten Neuerwerbungen. Auch eine Regenhose ist praktisch und schützt Ihre Jeans vor Nässe und Schmutz. Gummistiefel dürfen in keinem Hundehaushalt fehlen, so bleiben gute Halbschuhe an Schlechtwettertagen trocken.

Wellness für den Russell Terrier

Wellness macht Spaß und zwar nicht nur uns Menschen. Mit entsprechenden Maßnahmen können Sie auch Ihrem Terrier etwas Gutes tun. Sichtlich wird er es genießen, sich einmal so richtig von Ihnen verwöhnen zu lassen.

Bachblüten und Homöopathie

Bestimmte Bachblüten und homöopathische Mittel verhelfen Ihrem Hund zu neuen Kräften. So wirken beispielsweise die Blüten Centaury, Chicory, Clematis und Crap Apple entschlackend und reinigend. Crap Apple hat außerdem eine ausgleichende Wirkung auf den Stoffwechsel und das Immunsystem.

Bachblüten bewähren sich auch im Wellnessbereich.

Centaury erfrischt und vitalisiert. Olive stellt das innere Gleichgewicht bei Erschöpfung wieder her, Agrimony stärkt und schützt vor Überbelastung. Die Abwehrkräfte Ihres Russell Terriers werden mit Echinacea-Globuli gestärkt. China und Ignatia haben sich bei Erschöpfungszuständen und Stress bewährt. Gegen Muskelkater und Überanstrengung eignen sich Arnika und Traumeel. Bei Verspannungen kann Magnesium phosphoricum helfen.
Inzwischen gibt es schon fertige Bachblütenmischungen oder homöopathische Präparate im Zoofachhandel zu kaufen. Möchten Sie jedoch tiefer in die Materie einsteigen, lassen Sie sich von einem erfahrenen Therapeuten beraten.

Mit Massage, Akupressur und TTouch® entspannen

Eine wohltuende Massage darf in keinem Verwöhnprogramm fehlen. Sie erfolgt am besten in Bauch- oder Seitenlage des Hundes. Dabei können Sie in einfachen, geraden Linien streicheln oder in Wellen. Auch ein Kreisen Ihrer Handflächen wirkt entspannend. Variieren Sie zusätzlich den Druck. Massieren Sie jedoch nicht zu kräftig, Ihr Hund soll sich schließlich wohlfühlen und keine Schmerzen haben. Bearbeiten Sie besonders belastete Partien wie die Beinmuskulatur extra sanft mit den Fingerkuppen. Lockernd wirkt leichtes Kneten und Rollen von Haut und Muskeln. Streichen Sie am Ende einer Massage immer den ganzen Körper des Hundes noch einmal sanft aus. Eine Massage sollte nicht länger als 15–20 Minuten dauern; Gewöhnen Sie Ihren Russell Terrier erst langsam an diese Zeitspanne. Massieren Sie nie, wenn Ihr Vierbeiner eine Infektion hat oder gerade gefressen hat.
Die Akupressur ist eine Abwandlung der Akupunktur. Hier wird ohne Nadeln, nur mit der Berüh-

Hunde-Yoga ... Anschließend kann die Massage beginnen.

Eine sanfte, sparsam dosierte Aromatherapie kann Ihrem Russell zu neuer Energie verhelfen.

rung und dem Druck der Finger gearbeitet. Dies hat neben dem körperlichen Aspekt auch eine sehr positive, entspannende Wirkung auf die Psyche des Hundes.

Die TTouch®-Methode hingegen besteht aus unterschiedlichen Bewegungen und Handpositionen, die im Uhrzeigersinn auf der Haut des Hundes in verschiedenen Druckstärken ausgeführt werden. Vor allem bei seelischen Störungen sowie zur allgemeinen Beruhigung, zum Stressabbau und Wiederherstellung des Vertrauens hat sich der TTouch® bewährt. Auch zur Schmerzlinderung wird diese Methode erfolgreich eingesetzt. Etliche Hundeschulen bieten inzwischen TTouch®-Seminare an.

Aroma-, Farb- und Musiktherapie für neues Wohlbefinden

Die Aromatherapie fördert die seelische Ausgeglichenheit, aktiviert den Kreislauf und stärkt die Abwehrkräfte. Sie erfrischt und verhilft zu neuer Energie. Die ätherischen Öle werden dabei entweder in einer Duftlampe, einem Kräutersäckchen, einem speziellen Hundehalstuch oder direkt auf dem Liegeplatz Ihres Hundes angewendet, allerdings wohl dosiert und nur, wenn es Ihrem Vierbeiner auch wirklich behagt. Eine Duftlampe sollte mindestens eine Stunde brennen. Da ein Hund sehr empfindliche Schleimhäute hat, dürfen Sie die Öle nie direkt auf ihn träufeln. Stärkend, aufbauend und reinigend für den gesamten Organismus wirken Lavendel, Orange, Zitrone, Geranium, Grapefruit und Muskatellersalbei. Mandarine und Melisse beruhigen und entspannen. Mimose baut zusätzlich seelisch auf. Zimt und Vanille wird eine ausgleichende, beruhigende und entspannende Wirkung nachgesagt. Neroli-Öl harmonisiert.

Hunde wie auch Menschen sprechen sehr gut auf farbiges Licht an. Rot hat sich besonders bei Erschöpfungszuständen und Appetitlosigkeit bewährt. Orange kommt hingegen bei Im-

Wie Untersuchungen zeigten, entspannen bestimmte Musikstile unsere Hunde.

Wellness vom Profi

Inzwischen bieten viele Hundephysiotherapeuten auch Wohlfühlbehandlungen für Hunde an. Dabei werden häufig verschiedene Techniken miteinander kombiniert. So erhält die Massage Ihres Vierbeiners gleichzeitig eine Untermalung mit angenehmen Düften und entspannender Musik. Beruhigendes Licht darf dabei selbstverständlich ebenfalls nicht fehlen. Neben der herkömmlichen Massage gehören häufig auch Fuß- oder Ohrreflexzonenmassagen zum Behandlungsspektrum. Einige Therapeuten verfügen sogar über eigene Hundeschwimmbäder. Manche Praxen bieten Kurse in Massage, Akupressur und TTouch® für den Eigengebrauch an. Außerdem finden Sie im Fachhandel interessante Bücher zum Thema. Wer die Kosten nicht scheut, kann sich auch zusammen mit seinem Hund in speziellen Wellness-Hotels verwöhnen lassen.

munschwäche zum Einsatz. Gelb hilft bei schwachen Nerven und Schockzuständen. Grün wirkt ausgleichend und Blau beruhigend. Violett wird bei Nervosität, Ängstlichkeit, Hysterie und zur Verarbeitung von Traumata eingesetzt.

Auch Musik entspannt Ihren Russell Terrier. Untersuchungen haben ergeben, dass gerade langsame Barockmusik eine sehr beruhigende Wirkung auf Vierbeiner hat. Genauso gut geeignet ist Herrchens oder Frauchens Meditations-CD. Wer musikalisch jedoch auf Nummer Sicher gehen will, kann inzwischen im Fachhandel spezielle Musik für Hunde erwerben.

Rechts: Wellness macht Spaß – auch Ihrem Russell. Gönnen Sie Ihm zwischendurch etwas Gutes.

Gerade älteren Vierbeinern hilft bei Verspannungen regelmäßiges Training auf einem Unterwasserlaufband.

In speziellen Wellness-Hotels lassen sich Zwei- und Vierbeiner gleichermaßen verwöhnen .

Ernährung

Eine gesunde, ausgewogene Ernährung bildet die Basis für ein langes Hundeleben.

Zum Wohlfühlprogramm Ihres Russell Terriers und seiner Gesunderhaltung gehört auch eine ausgewogene Ernährung. Füttern Sie nur hochwertiges Futter, das dem Alter, Gesundheitszustand und der Auslastung Ihres vierbeinigen Freundes angepasst ist. So benötigen arbeitende Gebrauchshunde energiereicheres Futter als normal beanspruchte Familienhunde. Auch Welpen brauchen eine andere Ernährung als erwachsene oder gar alte Hunde, schließlich sind sie noch in der Entwicklung. Der Fachhandel hält inzwischen für alle Altersklassen und Bedürfnisse spezielles Hundefutter parat. Mit einem qualitativ hochwertigen Fertigfutter gehen Sie also in jedem Fall auf Nummer sicher: Ihr Russell wird optimal mit allen wichtigen Nährstoffen versorgt. Trotzdem vertragen manche Hunde das handelsübliche Futter nicht. In diesem Fall müssen Sie selbst zum Kochlöffel greifen. Dies ist nicht ganz einfach, denn die richtige Zusammensetzung einer ausgewogenen Ernährung ist fast schon eine Wissenschaft für sich.

Auch das „Barfen“ (= biologisch artgerechte Rohfütterung) ist möglich; aber hier ist ein umfassendes Informieren vorab durch einen Tierarzt oder entsprechende Fachliteratur sehr wichtig.

Im Folgenden finden Sie jedoch einige Tipps für eine abwechslungsreiche und gesunde Hundemahlzeit. Fleisch und Ballaststoffe in Form von Reis oder Hundeflocken bilden die Basis einer ausgewogenen Hundeernährung. Achten Sie zusätzlich auf eine ausreichende Vitamin- und Mineralstoffversorgung. Diese geschieht am besten in Form von natürlichen Zusätzen wie Gemüse, Kräutern, Hüttenkäse

Warnung vor Schokolade

Schokolade enthält Theobromin, das für Hund und Katze lebensgefährlich sein kann. Ein paar Riegel dunkle Schokolade können einen kleineren Hund töten.

Beachten Sie genau die Bedürfnisse Ihres Russells: Eine säugende Hündin braucht beispielsweise eine anders zusammengestellte Ernährung als eine Hündin ohne Welpen.

oder Naturjoghurt. Gemüse ist nicht nur gesund, es fördert mit seinen Ballaststoffen auch die Verdauung. Außerdem beeinflusst es positiv den Säure-Base-Haushalt des Hundes. Ideal sind Möhren; sie enthalten viel Karotin, die Vorstufe von Vitamin A, außerdem Mineralstoffe und Spurenelemente. Geben Sie zusätzlich immer etwas Öl; dies hilft bei der Verwertung des fettlöslichen Vitamin A. Gekochter Broccoli ist ebenfalls sehr gesund; er wirkt krebsvorbeugend und entgiftend. Spinat, Erbsen, grüne Bohnen und Tomaten runden einen ausgewogenen Speiseplan ab. Kräuter wie Brennnesseln, Basilikum, Petersilie, Löwenzahn und Dill sind nicht nur reich an wichtigen Vitaminen, Mineralien und Spurenelementen, sie haben auch eine heilende Wirkung bei verschiedenen Krankheiten (Beispiele siehe Kapitel „Gesundheit" und „Vorsorge"). In Zeiten extremer Anforderung oder erhöhter Krankheitsanfälligkeit ist eventuell ein zusätzliches Vitaminpräparat nötig. Halten Sie sich hier allerdings genau an die vom Tierarzt oder in der Packungsbeilage angegebene Dosierung, denn selbst Vitamine können überdosiert schaden.

Belohnen Sie Ihren Russell doch mal mit vitaminreichen, figurfreundlichen Leckereien wie Apfel- oder Karottenstückchen.

Schönheit kommt von innen

Da Schönheit bekanntlich von Innen kommt, ist der Speiseplan Ihres Hundes auch für ein glänzendes Fell und eine gesunde Haut verantwortlich. Eine große Rolle spielen dabei die Vitamine A und E sowie Zink, außerdem essentielle Fettsäuren wie Omega-3 und Omega-

Geben Sie Vitaminpräparate nur in Absprache mit Ihrem Tierarzt, denn auch Vitamine können überdosiert schaden.

6. Um einem Mangel vorzubeugen, der sich in stumpfem Fell, Schuppen, Haarausfall, Juckreiz, fettiger Haut und Infektanfälligkeit äußert, geben Sie ab und zu einen Löffel Maiskeim-, Sonnenblumen-, Distel- oder Pflanzenöl über das Futter. Hochwertiges Eiweiß ist ebenfalls unverzichtbar, allerdings reagieren manche Hunde allergisch auf rohes Eiweiß. Auch Hefe und Biotin verhelfen zu einer gesunden Haut und glänzendem Fell. Ab und zu ein rohes, frisches Eigelb ist ebenfalls gut für Haut und Haare, denn es enthält viele Spurenelemente und Vitamine. Die zerriebene Eierschale versorgt Ihren Vierbeiner dagegen mit natürlichem Calcium.

Bauen Sie überschüssige Pfunde Ihres Russell Terriers lieber mit einem ausgewogenen, aber kalorienarmen Diätfutter als mit einer Kürzung der normalen Futtermenge ab; auch eine Streckung des herkömmlichen Futters mit Puffreis (im Zoofachgeschäft erhältlich), kann bei einer Diät hilfreich sein.

Achten Sie stets auf saubere Hundenäpfe und täglich frisches Wasser.

Tipp!

Für alle Hundefutter-Hobbyköche gibt es im Buch- und Zoofachhandel eine breite Palette an Ratgebern zum Thema „Hundeernährung". Wenn Sie für Ihren Russell Terrier kochen, ist ein umfassendes Informieren unerlässlich, damit Ihr Vierbeiner durch einen ausgewogenen Speiseplan wirklich optimal mit allen wichtigen Nährstoffen versorgt wird und es nicht zu Mangelerscheinungen kommt.

Selbst gebackene Hundeleckerli

Fischstäbchen

Sie brauchen dafür folgende Zutaten:

1 Dose Thunfisch (im eigenen Saft)
6 EL Haferflocken
2 Eier
2 EL Semmelbrösel
2 EL gehackte Petersilie

Gießen Sie den Saft des Thunfisches ab. Vermischen Sie dann alle Zutaten zu einem homogenen Teig. Formen Sie nun kleine „Stäbchen" und legen Sie diese auf ein mit Backpapier ausgelegtes Backblech. Die Fischstäbchen werden im vorgeheizten Backofen bei 175 °C (mittlere Schiene) ca. 30 Minuten gebacken. Anschließend im Ofen abkühlen lassen. Die Fischstäbchen halten, in einer Frischhaltedose im Kühlschrank aufbewahrt, ca. 2–3 Wochen.
Geben Sie Ihrem Russell Terrier täglich nicht mehr als ein bis zwei dieser Leckerlis, denn sie sind sehr gehaltvoll.

EXTRA

Elf goldene Futterregeln

1 Die Menge macht's

Ein Hund weiß nicht von selbst, wie viel Futter er braucht. Hier gibt es große individuelle Unterschiede: Einige Vierbeiner sind schier unersättlich, andere muss man fast erst bitten, überhaupt etwas zu fressen. Bieten Sie Ihrem Russell Terrier daher auf keinen Fall unbegrenzt Futter an. Bei Fertignahrung richten Sie sich am

besten nach den Mengenangaben auf der Futterpackung. Überprüfen Sie aber immer auch an Ihrem Hund, ob die Menge wirklich angemessen ist, denn häufig wird zu viel Futter angegeben. Kochen Sie selbst, fragen Sie Ihren Tierarzt nach der richtigen Portionsgröße für Ihren Hund. Heikle Tiere werden zum besseren Fressen animiert, wenn ihnen das Futter nur eine begrenzte Zeit (ca. 10–15 Min.) zur Verfügung steht. Damit Ihr Hund nicht zu dick wird, müssen Leckerlis von der Hauptmahlzeit abgezogen werden.

2 Feste Zeiten einhalten

Um den Stoffwechsel des Hundes nicht unnötig durcheinanderzubringen, sind feste Fütterungszeiten wichtig. Füttern Sie daher also nicht wahllos, wenn Sie gerade Zeit haben. Ein ausgewachsener Russell Terrier sollte ein-, besser zweimal täglich seine Mahlzeit bekommen.

3 Vorsicht mit Kaltem

Gerade im Sommer ist es wichtig, frisches Hundefutter im Kühlschrank aufzubewahren, damit es nicht verdirbt. Verfüttern Sie es nur zimmerwarm. Zu kaltes Futter kann Verdauungsprobleme hervorrufen; außerdem entfaltet Frisch- und Nassfutter seinen vollen Geschmack erst bei Zimmertemperatur. Muss es doch einmal schnell gehen, erwärmen Sie das Fressen kurz im Kochtopf, Wasserbad oder in der Mikrowelle.

4 Abwechslung ist Trumpf

Auch unsere Hunde sind Feinschmecker und lieben Abwechslung; die große Auswahl an Fertigfutter macht es Ihnen hier leicht. Bereichern Sie den Speiseplan zusätzlich hin und wieder mit Äpfeln, Karotten, Quark, Hüttenkäse, Nudeln, Reis oder Kräutern. Beachten Sie bei der Fütterung auch das Alter, den Gesundheitszustand und die Auslastung Ihres Vierbeiners. Inzwischen gibt es für alle Ansprüche speziell zusammengesetzte Nahrung.

5 Langsame Futterumstellung

Führen Sie Futterumstellungen nur langsam und schrittweise durch, damit sich der Verdauungstrakt Ihres Hundes an die neue Nahrung gewöhnen kann.

6 Es muss nicht immer Fleisch sein

Wölfe nehmen mit dem Darminhalt ihrer Beutetiere immer auch wichtige pflanzliche Nah-

rung auf. Daher ist es falsch, anzunehmen, Hunde seien reine Fleischfresser. Für eine ausgewogene Ernährung benötigen sie einen gewissen Anteil an pflanzlicher Nahrung; in Fertigfutter wurde dies bereits bei der Zusammensetzung berücksichtigt. Kochen Sie selbst, mischen Sie das Fleisch am besten mit Nudeln, Reis, Gemüse oder speziellen Hundeflocken.

7 Betteln ist tabu

Fallen Sie nicht auf den treuen Blick Ihres Vierbeiners rein, Sie tun ihm damit nichts Gutes. Erstens erziehen Sie ihn so erst zum Betteln und zweitens bekommt Ihr Hund auf diese Weise auch schnell mal etwas Süßes, das sehr schädlich für ihn ist. Belohnen Sie ihn nur mit speziellen Hundeleckerlis.

8 Keine Reste vom Tisch

Füttern Sie Ihrem Russell nie mit Resten Ihrer eigenen Mahlzeit. Ihr Hund darf hier auf keinen Fall vermenschlicht werden, denn er hat ganz andere Ernährungsansprüche als Sie. Unsere stark gewürzten Speisen führen bei Vierbeinern schnell zu schweren Gesundheitsstörungen. Füttern Sie nur spezielles und ausgewogenes Hundefutter.

9 Finger weg von Milch

Natürlich ist Milch auch bei Hunden beliebt. Viele Tiere bekommen davon jedoch Verdauungsstörungen. Daher gilt: Keine Milch, sondern täglich frisches Wasser als Getränk anbieten.

10 Kein rohes Schweinefleisch

Füttern Sie kein rohes Schweinefleisch, denn dadurch kann sich Ihr Hund mit der lebensbedrohlichen Aujeszkyschen Krankheit infizieren. Die Symptome sind ähnlich wie bei der Tollwut, daher wird die Krankheit auch „Pseudowut“ genannt. Schweinefleisch darf nur gut durchgekocht verfüttert werden; rohes Rindfleisch ist dagegen unbedenklich.

11 Nach dem Essen sollst du ruhen

Füttern Sie Ihren Russell Terrier immer erst nach einem Spaziergang. Rennen und Toben mit vollem Magen ist tabu: schnell kommt es zu Verdauungsstörungen bis hin zur lebensgefährlichen Magendrehung.

Ausstellungen

Schon die Jüngsten werden bei einer Ausstellung bewertet.

Für alle Rassehundefreunde sind Hundeausstellungen eine interessante Plattform. Bereits vor der Anschaffung eines Vierbeiners können Sie sich hier genau über eine bestimmte Rasse informieren, denn Sie erleben nicht nur etliche Vertreter live, sondern haben auch die Möglichkeit, mit Haltern und Zuchtvereinen in Kontakt zu treten und auf diese Weise Erfahrungsberichte aus erster Hand zu sammeln. Bei den Ausstellungen selbst geht es um die genaue Überprüfung und Bewertung der Hunde hinsichtlich des vorgeschriebenen Rassestandards und der durch den betreuenden Verein festgelegten Zuchtkriterien. Für einige Hundehalter ist die Teilnahme an einer Ausstellung reiner Spaß. Sie möchten solch eine Veranstaltung einfach einmal mitmachen, um nur interessehalber zu hören, wie Ihr Vierbeiner vor einem professionellen Richter abschneidet. Vielleicht hat sie sogar der Züchter ihres Hundes dazu überredet, schließlich ist es für den Züchter selbst wichtig und interessant zu sehen, wo sein Nachwuchs und somit auch seine Zuchtlinie steht. Viele Aussteller sind bereits in das Zuchtgeschehen involviert. Es sind langjährige und zukünftige Züchter, aber auch Deckrüdenbesitzer, die ihre Vierbeiner über die Teilnahme an Ausstellungen bekannter machen möchten.

Bei einer Hundeausstellung wird jeder Vierbeiner hinsichtlich des vorgeschriebenen Rassestandards beurteilt.

Auf einer Hundeausstellung herrscht eine ganz besondere Atmosphäre. Das Sehen und Gesehenwerden steht in jedem Fall im Vordergrund. Die Einteilung der Hunde erfolgt in verschiedene Klassen, getrennt nach Geschlechtern und Alter. Bei der abschließenden Bewertung werden bestimmte Formwertnoten vergeben (siehe Kasten Seite 84).

Dabeisein ist alles

Möchten auch Sie einmal mit Ihrem PRT oder JRT im Ring stehen, sei es aus reinem Vergnügen oder weil sie mit ihm züchten möchten, ist ein gutes Sozialverhalten Ihres Hundes natürlich Pflicht. Außerdem ist eine ordentliche Leinenführigkeit schon die halbe Miete einer gelungenen Präsentation. Bei der anschließenden Einzelbewertung erfolgt die genaue Begutachtung Ihres Hundes durch den Richter. Dieser prüft neben dem Gangwerk das Stockmaß, die genauen Proportionen, Besonderheiten des Standards und die Zähne. Dieses Beurteilungsritual sollten Sie schon vorab üben, damit sich Ihr Russell Terrier auch von fremden Menschen ins Maul sehen und natürlich überhaupt berühren lässt. Der Umgang und das korrekte Vorführen des Hundes fließen in die Bewertung mit ein; so erkennen die Richter genau, wer mit seinem Vierbeiner das optimale Präsentieren trainiert hat. Nicht selten wird ein Ausstellungsneuling darauf hingewiesen, dass seine Führfehler der Grund für eine schlechtere Bewertung des Hundes sind, im Vierbeiner jedoch mehr Potenzial steckt.
Eine gute und umfassende Vorbereitung für eine Zuchtschau bekommen Sie durch ein professionelles Ringtraining, das von manchen Hundevereinen oder auch Züchtern angeboten wird. Für die Teilnahme an einer Zuchtschau sollten Sie sich aber nicht nur im Vorfeld Zeit nehmen, auch die Ausstellung selbst dauert meist einen ganzen Tag, wobei Sie die meiste Zeit sicherlich mit Warten verbringen. Wie die Hunde selbst das Ausstellungsgeschehen aufnehmen, ist unterschiedlich. Einige Vertreter scheinen sichtlich Spaß am Präsentieren und Posieren zu haben. Bei anderen Gespannen ist der Spaß am Gesehenwerden eher auf den Zweibeiner begrenzt, der Vierbeiner hingegen würde den Tag sicherlich lieber tobend im Freien verbringen. Eine gewisse Nervenstärke muss ein Russell Terrier für eine Ausstellung in jedem Fall mitbringen, damit ihn die Menschen- und Hundeansammlung auf engstem Raum nicht unnötig stressen.

In der Paarklasse starten jeweils ein Rüde und eine Hündin, die im Besitz des Ausstellers sind.

Häufig ist der Spaß am Gesehenwerden nur auf den Zweibeiner beschränkt, während der Vierbeiner lieber im Freien toben würde.

Bitte beachten Sie ...

Kranke Vierbeiner sind von Zuchtschauen ausgeschlossen. Vor der Ausstellung müssen Sie die FCI-Ahnentafel und den Impfpass mit einer gültigen Tollwutimpfung Ihres Russell Terrier vorlegen.

So funktioniert's

Der JRT wurde von der FCI (Fédération Cynologique Internationale) in die Gruppe 3: Terrier, Sektion 2: niederläufige Terrier, mit Arbeitsprüfung, eingeteilt. Der PRT zählt dagegen innerhalb der Gruppe 3 zur Sektion 1: hochläufige Terrier, mit Arbeitsprüfung.
Als Startklassen gibt es:

- *Jüngstenklasse (6–9 Monate)*
- *Jugendklasse (9–18 Monate)*
- *Zwischenklasse (15–24 Monate)*
- *Offene Klasse (ab 15 Monate)*
- *Veteranenklasse (ab 8 Jahre)*
- *Gebrauchshundklasse (ab 15 Monate mit Arbeitsprüfung)*
- *Championklasse (ab 15 Monate für Champions und Gewinner bestimmter Titel)*
- *Ehrenklasse (startberechtigt nur mit dem FCI-Titel „Internationaler Schönheits-champion")*

Formwertnoten

- *Vorzüglich (V)*
- *Sehr gut (SG)*
- *Gut (G)*
- *Genügend (Ggd)*
- *Disqualifiziert (Disq)*

Die vier besten Hunde einer Klasse werden platziert, sofern sie mindestens die Formwertnote „Sehr gut" erhalten haben.

Beurteilungen in der Jüngstenklasse

vielversprechend (vv)
versprechend (v)
wenig versprechend (wv)

Weitere Wettbewerbe

Zuchtgruppe *Sie besteht aus mindestens drei Hunden einer Rasse aus demselben Zwinger; die Hunde müssen am Tag der Ausstellung in der Einzelbewertung mindestens den Formwert „Gut" bekommen haben.*

Paarklasse *Sie besteht aus jeweils einem Rüden und einer Hündin, die Eigentum eines Ausstellers sein müssen.*

Juniorhandling *Dies ist ein Vorführwettbewerb für Jugendliche, der als Vorbereitung gedacht ist, Hunde auch später im Ausstellungsring zu präsentieren.*

Veteranen-Wettbewerb *Hier können Hunde ab dem 8. Lebensjahr starten; es wird nach den Vorgaben des Standards besonders die Gesamtkonstitution, der Pflegezustand des Vierbeiners sowie die im Ring gezeigte Kondition beurteilt.*

Auch die Youngsters dürfen an einer Ausstellung teilnehmen.

Gelassene, nervenstarke Russell Terrier, die nichts so schnell aus der Ruhe bringt, tun sich auf Ausstellungen natürlich leichter. Sie lassen sich durch die Menschen- und Hundeansammlungen nicht so stressen.

... im Revier, in Freizeit und Alltag

Dabeisein ist für einen Russell alles, daher gibt es für ihn auch nichts Schöneres als seine Familie so oft wie möglich zu begleiten.

Für ein soziales Tier wie einen Hund gibt es nichts Schöneres, als seine Leute so oft wie möglich zu begleiten. Ein gewisser Grundgehorsam, und eine gute Sozialisation des Vierbeiners sind allerdings die Voraussetzung für entspannte Freizeitaktivitäten und einen abwechslungsreichen Alltag zu zweit.

Die Russell Terrier als Jagdbegleiter

Noch vor ein paar Jahren galten die Russell Terrier in deutschen Revieren als Exoten. Inzwischen jedoch haben sich die schneidigen Vierbeiner auch hierzulande als vielseitige Jagdgebrauchshunde einen Namen gemacht

Die schneidigen Terrier sind nicht nur für die Baujagd einzusetzen, sondern generell sehr vielseitige Helfer des Waidmannes.

und sind aus der jagdlichen Terrierszene nicht mehr wegzudenken. Die Russell Terrier gelten als Urtyp des englischen Arbeitsterriers. Sie wurden im 19. Jahrhundert für die Fuchsjagd zu Pferde gezüchtet und kamen zusätzlich zu einer Foxhound-Meute zum Einsatz, um den eingeschlieften Fuchs, ohne ihn zu töten oder schwer zu verletzen, aus dem Bau zu sprengen, damit die Jagd fortgesetzt werden konnte. Bereits damals selektierte man in der Zucht auf eine gute Nase, denn auf sie als wichtigstes Sinnesorgan ist der Terrier im Bau angewiesen. Zudem sind große Ausdauer und

Selbst für die Jagd an Schwarzwild bringt der intelligente Vierbeiner genügend Schärfe mit.

Hartnäckigkeit sowie viel Schneid und Furchtlosigkeit für die Baujagd unerlässlich. Geringe Körpergröße, Zähigkeit und die Fähigkeit, eigene Entscheidungen ohne jegliche fremde Hilfe treffen zu können, sind ebenfalls unverzichtbare Kriterien für einen erfolgreichen Bauhund.

Eine außergewöhnliche Intelligenz und Wesensfestigkeit, die den Russell Terrier nicht blindlings, sondern stets kontrolliert mutig arbeiten lässt, darf zusätzlich nicht fehlen. All diese, vollkommen auf den Jagdeinsatz ausgerichteten, Eigenschaften sind auch heute noch bei einem Großteil aller Rassevertreter zu finden. Den reinen Familienrussell lassen sie deswegen oft in den verschiedensten Situationen als eigensinnig und selbstbewusst erscheinen. Den jagdlich geführten PRT oder JRT hingegen prädestinieren diese Wesenszüge nicht nur für die Baujagd, sondern machen ihn generell zu einem sehr vielseitigen Helfer im Revier, der zudem aufgrund seines praktischen Formats gut überall hin mitgenommen werden kann. Der kleinere JRT ist auch leicht im Jagdrucksack zu tragen, wenn beispielsweise die Wegstrecke zu seinem Einsatzgebiet für die kurzen Läufe recht unwegsam ist. Selbst auf den Hochsitz ist eine problemlose Mitnahme des cleveren Zwerges möglich.

Vielseitig einsetzbar im Revier

Neben der Baujagd kommen die Russell Terrier hierzulande in waldreichen Gebieten als Stöberhunde für die Jagd auf Fuchs, Hase und Schalenwild zum Einsatz. Die Hunde müssen dabei das Wild aufstöbern, auf die Läufe bringen und aus der Dickung treiben. Für diese Arbeit ist selbstständiges Suchen, ein gewisses Maß an Wildschärfe, spurlautes Jagen und absolute Spursicherheit notwendig. Als Stöberhund ist der Russell sowohl einzeln, als auch in der Meute einsetzbar. Er bringt genügend Schärfe mit, um den Fuchs aus dem Bau

Auf Nachsuchen bringt der Russell seinen Führer sicher zum Stück.

zu drücken, Schwarzwildrotten zu sprengen oder krankes Schalenwild zu stellen. Allerdings arbeitet er auch hier nicht blindwütig scharf, sondern sehr kontrolliert, sodass Verletzungen durch Sau oder Fuchs äußerst selten sind. Einem ausgewachsenen Dachs begegnet er unter der Erde in der Regel mit Vorsicht und geht ihm eher aus dem Weg.

Generell jagen Russell Terrier mit einer ausgeprägten Halterbindung. Selbst bei größeren Bewegungsjagden halten sie stets Kontakt zu ihrem Halter.

Für die Wasserarbeit taugt der Russell Terrier ebenfalls, denn die meisten Rassevertreter sind richtige Wasserratten. Selbstverständlich bestätigen Ausnahmen die Regel. Die Apportierarbeit ist schon aufgrund der geringen Körpergröße auf kleines Wild beschränkt. Einige Hunde haben jedoch eine natürliche Veranlagung hierfür, die sich gut fördern lässt. Zudem ist häufig eine angeborene Affinität zu Federwild vorhanden. Somit bringt vor allem der größere Parson Russell Terrier Enten sicher ans Ufer.

Auf Nachsuchen sind die eifrigen Jagdhunde aufgrund ihrer hervorragenden Nasenleistung sehr erfolgreich. Fährtenwille, -sicherheit, und -treue zeichnen sie hierbei aus und machen sie zu absolut zuverlässigen Helfern des Waidmannes. Die Russell Terrier arbeiten stets mit tiefer Nase. Ihnen entgeht keine Spur; eine gründliche und freudige Ausarbeitung derselben ist für sie selbstverständlich. Sogar länger stehende Fährten meistern sie problemlos. Gelegentlich kann es jedoch vorkommen, dass das überschäumende Temperament der Hunde einer konzentrierten Arbeit im Weg steht. Generell sollte man die Grenzen seines kleinen Helfers akzeptieren, und vor allem den kleineren JRT nur zu sicheren Todsuchen einsetzen, und Nachsuchen, die eine längere Hetze und ein anhaltendes Stellen erfordern, körperlich besser geeigneten Hunden überlassen.

Möchten Sie Ihren Hund später im Jagdrevier führen, beginnen Sie bereits beim Welpen mit der jagdlichen Prägung.

Jagdliche Hilfestellung durch die Vereine

Alles in allem sind PRT und JRT sehr vielseitige und handliche Jagdgebrauchshunde, die nicht nur einen Hobbywaidmann, sondern auch den Förster und professionellen Jäger passioniert bei der Arbeit in Wald und Feld unterstützen. Zudem können die liebenswerten Energiebündel sehr gut zwischen Arbeit und Freizeit unterscheiden; somit sind sie auch äußerst angenehm in der Familie zu halten, die sie abseits der Jagd lieben und beschützen. Die jagdliche Ausbildung muss von Anfang an einfühlsam und geduldig, aber auch stets konse-

Baujagd-Ausbildung

Die Ausbildung zur Baujagd erfolgt etwa ab einem Alter von vier Monaten in speziell angefertigten Kunstbauen, die aus einem oder mehreren Kesseln und einem entsprechenden Gangsystem bestehen. Zunächst wird der Terrier langsam an den dunklen Bau und später, mithilfe von zahmen Füchsen an die Raubwildwitterung gewöhnt. Ziel ist es, dass der Hund dem Fuchs von Kessel zu Kessel folgt und ihn kräftig verbellt. Zur Sicherheit von Fuchs und Terrier kommen beide Tiere nie direkt zusammen, sondern sind immer durch Gitterschieber von einander getrennt. Der für den Kunstbau samt Füchsen und die Einarbeitung von Terrier und Hundeführer zuständige „Schliefenwart" kann jederzeit von oben eingreifen, da der gesamte Bau mit aufklappbaren Deckeln versehen ist. Auf diese Weise werden beim Russell Schneid, Passion und Unerschrockenheit gefestigt und vertieft. Zudem lernt er stets einen gewissen Respekt zum vorhandenen Raubwild zu wahren und nicht blindlings anzugreifen. Zwei Eigenschaften, die später in freier Natur für den Terrier lebenswichtig sind.

Die Baujagd ist nicht ungefährlich, eine gründliche, verantwortungsvolle Einarbeitung ist daher Pflicht.

quent und mit liebevoller Strenge erfolgen. Härte und Zwang sind absolut tabu; sie führen nur zum Vertrauensbruch mit dem Halter und zur gänzlichen Arbeitsverweigerung. Enger Familienanschluss ist für die positive Entwicklung des Hundes unverzichtbar. Eine reine Zwingerhaltung ist für den einzeln gehaltenen Jagdgebrauchshund ungeeignet, denn hier würde der anhängliche Vierbeiner physisch und psychisch verkümmern. Wichtige Grundvoraussetzung für eine optimale Zusammenarbeit zwischen Herr und Hund ist, genügend Zeit miteinander zu verbringen, in der der Russell Terrier mit viel Spaß ausreichend beschäftigt und seinen Neigungen entsprechend gefordert wird. Nur so lässt sich ein optimales Vertrauensverhältnis zueinander schaffen. Auch eine zielgerichtete Prägung bereits im Welpenalter ist für eine erfolgreiche jagdliche Ausbildung des Hundes unerlässlich.

Die Rassezuchtvereine bieten diverse jagdpraktische Übungslehrgänge an, damit selbst Rasseneulinge die Jagdeigenschaften des Terriers optimal fördern können. Zudem werden Prüfungen abgehalten. Grundvoraussetzung für die Teilnahme an jagdlichen Prüfungen ist ein gültiger Jagdschein oder der Nachweis über die laufende Ausbildung zum Jäger. Manche vereinsinterne Seminare stehen auch Nichtjägern offen. Der Parson Russell Terrier Club Deutschland e.V. (PRTCD) ist generell eher auf den Jagdgebrauch der Hunde ausgerichtet. So sind dort mehr als die Hälfte aller Züchter Jäger. Dementsprechend viele Würfe verfügen auch über das Prädikat „Aus jagdlicher Leistungszucht". Alle, also auch nicht jagdlich geführte, potenzielle Zuchthunde müssen im Rahmen der Zuchtzulassung innerhalb des PRTCD unter anderem einen Wesenstest erfolgreich absolvieren, bei dem auch jagdlich relevante Eigenschaften wie Schussfestigkeit, Wasserfreudigkeit, Spür- und Stöbertrieb, Beute- und Bringtrieb sowie Halterbindung überprüft werden.

Hundesport

Damit Ihr Russell Terrier seine positiven Eigenschaften voll und ganz entfalten kann, ist eine angemessene Auslastung sehr wichtig. Eine weitere Möglichkeit den intelligenten Vierbeiner neben der Jagd zu fordern, ist Hundesport. Hier gibt es inzwischen ganz unterschiedliche Sportarten, die auf vielen Hundeplätzen angeboten werden. Auch im Wettkampfsport soll für alle Beteiligten stets der Spaß im Vordergrund stehen; die intensive Beschäftigung miteinander schweißen Herr und Hund schnell zu einem unzertrennlichen Dream-Team zusammen. Im Folgenden stellen wir Ihnen einige Sportarten vor, die gut für einen Russell Terrier geeignet sind.

Agility

Agility ist mehr als nur ein schneller Sport. Agility festigt und vertieft die Bindung zwischen Zwei- und Vierbeinern. Laut FCI-Reglement erfolgt eine Einteilung in drei verschiedene Startklassen je nach Größe des Hundes. Ein professioneller Parcours besteht aus 15–20 Hindernissen und hat eine Länge zwischen 100 und 200 m. Bei einem Turnier sollten mindestens sieben Hochsprung-Hürden vorhanden sein. Zum Standard gehören zehn Geräte, der Richter stellt davon mindestens sieben. Zudem müssen mindestens zwei Richtungswechsel im Parcours enthalten sein. Die Bewertung erfolgt am Ende je nach Zeit, eventuellem Abwurf oder Verweigerung. Schnelligkeit und Präzision sind hierbei sehr wichtig. Daher ist ein optimales Zusammenspiel zwischen Mensch und Hund unerlässlich.

Der kleine Wirbelwind ist ein absoluter Hundesport-Fan.

Begleithundeprüfung (BH)

Voraussetzung für die Ausübung einiger Sportarten (z.B. Agility, Fährtenhund) ist eine bestandenen Begleithundeprüfung. Das Mindestalter der wedelnden Prüflinge liegt bei 15 Monaten. Der Vierbeiner muss auf dem Hundeplatz verschiedene Unterordnungsübungen absolvieren; außerdem gilt es außerhalb des Platzes einen Verkehrsteil zu bestehen, der das sichere und freundliche Verhalten des Hundes gegenüber anderen Verkehrsteilnehmern und Artgenossen überprüft. Für den Hundeführer gibt es zuvor noch eine theoretische Prüfung.

Turnierhundesport

Turnierhundesport (THS) bietet für jeden etwas, denn hier gibt es auch je nach Alter des Halters unterschiedliche Startklassen. Mensch und Hund bilden als gleichgestellte Partner ein

Springt Ihr Hund gerne, hat er vielleicht auch Spaß an Agility. Probieren Sie's aus!

Früh übt sich: Schon die Jüngsten absolvieren interessiert leichte Übungen aus dem THS.

Team; in die Endnote fließen also nicht nur die Leistungen des Vierbeiners, sondern auch die des Zweibeiners mit ein. Innerhalb des Turnierhundesports gibt es verschiedene, abwechslungsreiche Wettbewerbsformen wie Hindernislauf-Turniere, Vierkampf (Gehorsam, Hürden-, Slalom und Hindernislauf), Geländelauf (2000 m/5000 m), Combination Speed Cup (CSC; Mannschaftswettkampf, in dem drei Mannschaftsmitglieder in einem in drei Sektionen eingeteilten Parcours als Staffel laufen), Shorty (Kurz-Bahn-„CSC" für Zweier-Mannschaften mit zwei Geräte-Sektionen) und Qualifikations-Speed-Cup („QSC"; Wettkampf nach dem K.o.-System auf zwei baugleichen Parcours).

Trickdogging

Immer mehr Hundeschulen bieten Kurse oder Workshops in Trickdogging an. Dabei werden Gehorsamkeitsübungen mit Spaßlektionen verbunden. Die vierbeinigen Schüler lernen kleine Kunststückchen und Spiele, die der HundeHalter auf Spaziergängen oder bei schlechtem Wetter im Haus ganz einfach „abfragen" kann. Hier ist also Kopfarbeit gefragt. Im Mittelpunkt steht immer der Spaß und nicht die perfekte Leistung. Die Palette der Übungen ist groß: winken, verbeugen, „give me five", das schnurlose Telefon bringen oder ein Taschentuch aus der Hose ziehen sind nur einige wenige Beispiele. Da dieses Training individuell auf jeden einzelnen Vierbeiner zugeschnitten werden kann, ist es auch gut für

Beim Trickdogging spielen Leckerli eine ganz große Rolle.

ältere Russell Terrier, Hunde mit Handicap oder ängstliche Tierheimhunde geeignet.

Fährtenarbeit

Bei der Fährtenarbeit lernt ein Hund einer menschlichen Spur anhand der Bodenverwundung durch die Fußabdrücke in natürlichem

Ein gute Nase, die Voraussetzung für eine erfolgreiche Fährtenarbeit ist, kann bereits beim Welpen geschult werden.

Bitte beachten Sie ...

Nicht jeder Hund ist für jede Sportart zu begeistern. Suchen Sie die Beschäftigung mit Ihrem Russell Terrier nach seiner individuellen Vorliebe, seinem Gesundheitszustand und seiner allgemeinen Fitness aus. Nehmen Sie auch Wettkampfsport nicht allzu ernst: Drill und übertriebener Ehrgeiz haben hier nichts zu suchen. Der Spaß soll bei diesem Teamwork immer an erster Stelle stehen. Betrachten Sie Trainer ebenfalls unter diesem Gesichtspunkt: Nehmen Sie Abstand von strengen, autoritären Unterrichtsmethoden. Humorvolle Motivationen sind das A und O einer optimalen Vertrauensbeziehung zwischen Ihnen und Ihrem Russell. Nur so macht Ihrem Vierbeiner die Zusammenarbeit mit Ihnen Spaß und nur so ist sie Erfolg versprechend.

Hundesportplätze und -vereine in Ihrer Nähe finden Sie über das Internet. Auch Tierschutzvereine, Tierärzte, Zoogeschäfte oder andere Hundebesitzer in Ihrer Umgebung sind geeignete Ansprechpartner auf der Suche nach einer passenden Trainingsmöglichkeit. Bevor Sie sich endgültig für einen Hundeplatz entscheiden, ist ein mehrmaliges Zuschauen vorab sowie Gespräche mit Trainern und Teilnehmern empfehlenswert. Haben Sie die Möglichkeit, sehen Sie sich am besten gleich mehrere Übungsplätze näher an. Ebenfalls hilfreich für die Entscheidungsfindung ist die Teilnahme an einer Probestunde. Wichtig ist, dass die Kursleiter individuell auf jede Hundepersönlichkeit eingehen.

Gelände zu folgen. Die Einweisung des Vierbeiners erfolgt am Anfang, dem sogenannten Ansatz der Fährte mit dem Kommando „Such". Der Halter ist mit einer 10-m-Leine mit dem Hund verbunden. Der Vierbeiner trägt bei dieser Arbeit ein spezielles Geschirr. Je nach Schwierigkeitsgrad sind in die zu verfolgende Spur spitze und stumpfe Winkel sowie kreuzende Fremdfährten (Verleitungen) eingebaut. Findet der Vierbeiner unterwegs Gegenstände von seinem Herrn, muss er diese beispielsweise durch Ablegen anzeigen (= verweisen). Der Halter zeigt dem Richter den Gegenstand und setzt den Hund erneut auf der Fährte an. Am Ende der Spur winkt der bellenden Supernase eine tolle Belohnung.

Gehen Sie auf die sportlichen Vorlieben Ihres Russells ein, schließlich soll der Spaß für alle Beteiligten immer im Vordergrund stehen.

Dummytraining

Für die Ausbildung junger Hunde und für die Erhaltung des Leistungsstandards erwachsener Vierbeiner während der jagdfreien Zeit, eignet sich sehr gut die Arbeit mit Dummys (= spezielle, längliche Apportiersäckchen aus verschiedenen Materialien). Die Rassezuchtvereine bieten hierfür extra Dummykurse an. Für den reinen Familienhund ist die Dummyarbeit eine sinnvolle Alternative zum Jagdgebrauch. Das Dummy ist dabei der Ersatz für Federwild. Die diversen Such- und Apportieraufgaben orientieren sich stark am echten Jagdeinsatz. Inzwischen gibt es Dummywettkämpfe auf verschiedenen Leistungsebenen. Voraussetzung für die Dummyarbeit ist ein guter Grundgehorsam. Das Training mit dem Bringsel lässt sich gut in die täglichen Spaziergänge integrieren. Schon Welpen können spielerisch an die Dummyarbeit herangeführt werden.

Sportbegleiter Russell Terrier

Unterwegs mit dem Fahrrad

PRT und JRT sind sehr aktive und ausdauernde Hunde, die sichtlich Spaß daran haben, ihre Leute bei sportlichen Aktivitäten zu begleiten. Vierbeinige Bewegungsfetischisten wie die Russell Terrier, freuen sich über eine Fahrradtour genauso wie Herrchen und Frauchen, die sich in ihrer Freizeit körperlich fit halten wollen. Grundvoraussetzung für die ungefährliche Mitnahme eines Hundes am Rad ist natürlich ein gewisser Gehorsam: Das sichere Herkommen auf Zuruf, gute Leinenführigkeit und einwandfreies Bei-Fuß-Gehen sind ein absolutes Muss für einen ungefährlichen Radausflug mit Ihrem Terrier. Führen Sie einen ungeübten Hund langsam an das Laufen neben dem Fahrrad heran, denn auch er muss erst allmählich seine Kondition aufbauen.

Einer flotten Radtour ist kein Russell abgeneigt. In bestimmten Situationen ist dabei ein spezieller Hundefahrradkorb sehr nützlich.

Die sportlichen Terrier sind tolle Jogging-Begleiter.

Bremsen Sie einen zu überschwänglichen Vierbeiner unbedingt ein, er könnte sich leicht selbst überschätzen, schließlich ist eine Radtour für den Hund deutlich anstrengender als für den Radler. Meiden Sie außerdem große Hitze. Halten Sie Ihren rennenden Kamerad vom Fahrrad aus an der Leine, wickeln Sie die Leine aus Sicherheitsgründen nie um den Lenker, sondern nehmen Sie diese so in der Hand, dass Sie im Notfall schnell loslassen können. Eine Alternative besteht im Springerbügel: Hier haben Sie die Hände frei und am Lenker, während Ihr Russell Terrier mit einem Kurzführer an einem gefederten Halter am Rad befestigt ist; eine Sicherheitsvorrichtung sorgt dafür, dass sich die Leine samt Hund im Notfall vom Rad löst und Sie so nicht gefährdet. Sie als Radler sollten bei einer Fahrradtour immer einen geeigneten Helm tragen.

Tipp!

Ausdauersportarten, bei denen der Hund länger läuft, sind nur für absolut gesunde, normalgewichtige und nicht zu alte Hunde geeignet. Auch junge Vierbeiner müssen mit Rücksicht auf ihren noch instabilen, weichen Bewegungsapparat geschont werden: Gewöhnen Sie Ihren bellenden Begleiter erst ab einem Alter von etwa 1,5 Jahren langsam an längere Strecken. Wärmen Sie Ihren Hund vor jeder sportlichen Aktivität gut auf, um Schäden am Skelett vorzubeugen.

> **Tipp!**
> *Nehmen Sie als Hundebesitzer auf Spaziergängen Rücksicht auf andere Jogger und Radfahrer: Rufen Sie Ihren Russell Terrier ab und lassen Sie ihn kurz bei Fuß gehen, bis Jogger oder Radler vorüber sind. Dies ist zugleich ein gutes Erziehungstraining.*

Viel Spaß am laufenden Band

Nach wie vor sind **Joggen**, **Walken** und **Nordic Walking** die Renner unter den Outdoorsportarten. Wie immer gilt für Mensch und Hund: geteiltes Vergnügen ist doppelte Freude. Vergessen Sie selbst bei gut folgenden Hunden nie, eine Leine für den Notfall mitzunehmen. Leinen Sie jagdbegeisterte Vierbeiner im Wald mit Rücksicht auf Wildtiere an. Damit der Jogger die Hände frei hat, hält der Fachhandel inzwischen spezielle Jogging-Leinen und -Gürtel bereit; in Letzteren wird die Leine einfach eingehängt. Natürlich muss Ihr Russell so gut erzogen sein, dass er nicht ungestüm an der Leine zieht. Planen Sie eine größere Runde mit Pause, vergessen Sie etwas Wasser für Ihren Vierbeiner nicht. Lassen Sie ihn allerdings nicht zu viel davon trinken, damit er durch das Rennen mit vollem Bauch keine Magendrehung bekommt.

Wandern Sind Sie kein Freund von flotten Sportarten, probieren Sie es mal mit einer ruhigeren Wanderung. Da jedoch auch hier von Zwei- und Vierbeinern Ausdauer gefragt ist, müssen Sie das Training hier wieder erst langsam aufbauen. Packen Sie für längere Touren neben einer eigenen Brotzeit auch Trinkwasser und, je nach Dauer, eine kleine Futterration sowie einen Napf für Ihren Russell Terrier ein. Vergessen Sie außerdem ein Erste-Hilfe-Notfallset nicht. Längere Bergtouren bedürfen einer größeren Vorbereitung; sicheres Kartenlesen ist dabei schon eine wichtige Grundvoraussetzung. Klären Sie bei Mehrtagestouren unbedingt vorab, ob Ihr Vierbeiner auch in Hütten übernachten darf.

Auf Wanderungen trifft man häufig Gleichgesinnte.

Rund ums Spielen

Warum Spielen so wichtig ist

Jedes junge Tier spielt gerne, denn Spielen macht Spaß, aber nicht nur das: Im Spiel lernt ein Vierbeiner fürs Leben und zwar sein Leben lang. Schon Welpen lernen spielerisch ihre Umwelt kennen, lernen aus guten und schlechten Erfahrungen. Aber auch die Rangordnung innerhalb des Hunderudels und später innerhalb der Familie wird spielerisch ausgetestet. Das Spiel mit Artgenossen legt für Welpen den Grundstein zu einem normal ent-

Selbst ältere Hunde nehmen unbekannte Gegenstände immer noch spielerisch unter die Lupe.

Das Spiel mit Artgenossen ist für Hunde jeden Alters sehr wichtig, um ein intaktes Sozialverhalten zu fördern.

wickelten, ausgeglichenen Sozialverhalten. Spielen ist aber nicht nur für junge Hunde wichtig. Im Grunde kann ein Vierbeiner bis ins hohe Alter spielerisch lernen. Erwachsene Hunde testen untereinander ebenfalls immer wieder im Spiel ihre Rangordnung aus. Sehr selbstbewusste Tiere versuchen oft innerhalb ihrer Familie durch schelmische Tricks ihre Grenzen und ihren Stand in der Familie auszuloten. Lassen Sie sich hiervor nicht einwickeln, sonst haben Sie schnell verspielt. Auch veränderte Lebensbedingungen oder unbekannte Gegenstände werden noch von erwachsenen Hunden spielerisch erforscht.

Häufiges Spielen schult außerdem das Gehirn des Vierbeiners. So belegen Studien, dass Hunde, die in ihrer Welpenzeit kaum Eindrücke sammeln konnten, ihr Leben lang weniger aufnahmefähig sind als Artgenossen, die zwar von den Erbanlagen her nicht so intelligent sind, dafür aber mehr gefördert wurden. Vierbeiner, denen mehr geboten wird, können sich auch nachweislich besser konzentrieren.

Junge Hunde erfahren durch ausgelassenes Toben nach Erziehungseinheiten eine tolle Belohnung. Sie dürfen nun ihren, durch die Anspannung des Lernens aufgestauten Energien so richtig freien Lauf lassen und entspannen sich somit wieder. Gehen Sie die Erziehung

10 Spielregeln für Sie und Ihren Russell Terrier

Spielen macht Spaß, allerdings nur, wenn sich alle Mitspieler an bestimmte Regeln halten. Im Zusammenspiel Ihres Russell Terriers bleiben Sie jedoch immer der Chef, der auch dafür sorgt, dass Ihr cleverer Vierbeiner nicht still und heimlich Ihre Autorität untergräbt.

- *Sie bestimmen Zeitpunkt und Ort.*
- *Sie sind der Spielzeug-Verwalter.*
- *Kein Tauziehen mit sehr selbstbewussten Rambos.*
- *Nach dem Füttern herrscht Spielverbot (Magendrehung).*
- *Lassen Sie Ihren Hund während des Spiels keine großen Mengen trinken (Magendrehung).*
- *Nicht in der größten Mittagshitze spielen.*
- *Auf ausreichende Ruhephasen achten.*
- *Belohnen Sie nicht nur mit Leckerli, sondern auch mit Stimme, Streicheln und Spielzeug.*
- *Sie legen das Spielende fest.*
- *Hören Sie auf, wenn's am Schönsten ist!*

Machen Sie bereits Ihrem Welpen klar, dass Sie der Spielzeugverwalter sind, denn nur so bleibt Spielzeug interessant und spannend.

Ein Ball wird für Apportierspiele immer wieder gern genommen.

Ihres Russell Terriers spielerisch an, wirkt dies sehr motivierend auf den Vierbeiner, denn der Spaß kommt dabei nie zu kurz. Außerdem entwickelt sich ein intensives Vertrauensverhältnis zwischen Ihnen und Ihrem Hund. Regelmäßige Spielstunden schweißen Sie und Ihren Russell zu einem richtigen Dream-Team zusammen. Auf diese Weise bleibt Ihr wedelnder Kamerad auch im Alter lange körperlich und geistig fit. Schüchterne Vertreter gelangen durch einfache Spiele, die Erfolge bringen, zu einem neuen, gestärkten Selbstbewusstsein. Spielen ist für Hunde jeden Alters also in den unterschiedlichsten Bereichen wie ein Lebenselixier, ohne das sie auf Dauer physisch und psychisch verkümmern würden.

Lustige Hundespiele

Kreative Hürden Vor allem PRTs haben großen Spaß am Überspringen von Hürden. Hierfür eignet sich gut ein Besenstiel, der auf umgedrehte Obstkisten, Pappkartons oder Ziegelsteine gelegt wird. Aus Schutz vor Verletzungen sollte die „Stange" bei einer Berührung leicht herunterfallen.
Setzten Sie sich auf den Boden, lädt Ihr ausgestrecktes Bein zum Überspringen ein. Mehrere umgedrehte, mittelgroße Blumentöpfe sind ebenfalls ein tolles Hindernis. Mit Ihren

Die meisten Russells lieben Wasser, verzichten Sie hier jedoch, wegen der Verletzungegefahr im Maul, auf Stöckchen. Verwenden Sie lieber schwimmendes Neoprenspielzeug.

Armen können Sie einen „Reif" bilden, durch den Ihr PRT ebenfalls gerne springt. Möchten Sie einmal eine Dogdancing-Choreographie für den Hausgebrauch kreieren, bauen Sie die letztgenannten Sprungelemente mit ein.

Apportierspiele Beherrscht Ihr Russell Terrier das Kommando „Apport", hat er großen Spaß an Bringspielen. Er wird stolz wie Oskar sein, wenn er Ihnen ab jetzt die Zeitung, einen Pantoffel, Ihre Socken oder einen kleinen Schirm tragen darf. Für die Gartenarbeit bringt Ihnen Ihr bellender Gentleman gerne die Gummihandschuhe oder eine kleine Gießkanne. Mit Geduld und Einfühlungsvermögen lernt Ihr

Russell, bestimmte Gegenstände auseinander zu halten und auf Befehl zu apportieren.

Wasserspiele Apportierfreudige Wasserratten holen begeistert Spielzeug aus dem Wasser. Hierfür gibt es im Fachhandel inzwischen spezielles, schwimmendes Neoprenspielzeug. Schwerere Bälle aus Vollgummi eignen sich für Hunde, die gerne im flacheren Uferbereich tauchen. Ein verlockendes Leckerli lädt ebenfalls zu einem kurzen Tauchgang ein. Haben Sie kein Naturgewässer in der Nähe, kann auch eine Plastikwanne oder ein Kinderplanschbecken für kleine Tauch- und Planschabenteuer herhalten. Sichern Sie den rutschigen Boden jedoch mit einer Duschwanneneinlage ab.
Werfen Sie Ihrem wedelnden Begleiter im flachen Wasser einen weichen oder aufblasbaren Ball zu, den er dann wieder zu Ihnen zurückstupsen soll. Ist das Wasser tiefer müssen Sie beide schwimmend agieren.

Für Supernasen Russell Terrier sind wahre Supernasen, die sich für Schnüffelspiele absolut begeistern. Verstecken Sie Ihrem Vierbeiner doch mal ein Stück Pansen in einem ausrangierten, mit Duftlöchern versehenen Schuhkarton und lassen Sie ihn danach suchen. Selbstverständlich dürfen dabei auch die Fetzen fliegen. Fortgeschrittene Vierbeiner können nach bestimmten Gegenständen suchen, die nach Ihnen riechen, wie beispielsweise Geldbeutel, Handschuh oder Schlüsselbund. Nehmen Sie auf einem Spaziergang unbemerkt vom Hund einen Tannenzapfen auf, reiben Sie ihn in Ihren Händen, werfen Sie ihn wieder weg und schicken Sie Ihre Supernase auf Streife. Loben sie eifrig, wenn er die richtige Richtung einschlägt. Hat er den Zapfen gefunden und nimmt er ihn auf, loben Sie ihn ausgiebig; am Ende winkt natürlich ein Leckerli. Eine Abwandlung des Spiels besteht darin, dass Ihr Russell aus einem ganzen Haufen von Tannenzapfen den herausfinden soll, den Sie vorher in der Hand hatten.

Da die kleinen Terrier wahre Supernasen sind, begeistern sie sich für Schnüffelspiele jeglicher Art.

Gaudikunststückchen Etliche Spaßbefehle basieren auf natürlichen Verhaltensweisen

Wichtige Auflockerung

Weil das Erlernen von Kunststückchen eine sehr hohe Konzentration vom Hund verlangt, sollten Sie immer nur in kurzen Sequenzen üben. Schließen Sie stets mit einem Erfolgserlebnis ab und lockern Sie die einzelnen Lernschritte durch Pausen auf. Auch ein zwischenzeitliches Toben im Garten macht den Kopf wieder frei für die Aufnahme neuer „Befehle".

Auch das „Alle-Viere-von-sich-Strecken" auf Kommando kann ein Vierbeiner mit der richtigen Motivation lernen.

Gefährliches Hundespielzeug!

- *Gefährlich für Hunde ist Kinderspielzeug wie Bausteine oder Stofftiere mit Glasaugen oder Knöpfen, die schnell abgerissen und gefressen sind.*
- *Alle spitzen und scharfkantigen Gegenstände sind als Hundespielzeug absolut ungeeignet; dies gilt auch für Spielzeug, in dem spitze Teile wie Nägel oder Drähte eingearbeitet sind.*
- *Ebenfalls absolut tabu sind Schnüre, dünne Nylonstrümpfe, Plastikbecher oder Luftballons.*
- *Verboten sind Äste von giftigen Sträuchern sowie lackierte Dinge.*
- *Zu schweren Verletzungen können Materialien führen, die leicht splittern oder zerbrechen, wie bestimmte Holzarten, Glas, Keramik oder manche Kunststoffteile.*

Bei all diesen Dingen drohen dem Hund nicht nur schwere Verletzungen im Maul, sondern auch im Magen-Darm-Trakt. Im schlimmsten Fall kann Ihr Vierbeiner ersticken oder einen Darmverschluss bekommen.

unserer Hunde. Ein Verbeugen entsteht beispielsweise aus dem Sich-Strecken des Vierbeiners. Der Hund reckt dabei das Hinterteil in die Höhe und senkt gleichzeitig den Vorderkörper ab. Oftmals können Sie diese Haltung bei einer Spielaufforderung beobachten, manchmal aber auch, um nach einem Schläfchen durch ausgiebiges Strecken wieder in Schwung zu kommen. Damit Ihr haariger Schüler nun das Kommando „Diener" mit dem Strecken verbindet, gibt es zwei Lehrmethoden. Eine Möglichkeit ist, das natürliche Dehnen des Hundes immer mit dem Kommando „Diener" und viel Lob zu verbinden. Die andere besteht darin, dass Sie einen Arm unter den Bauch des Vierbeiners halten, während Sie den Befehl „Platz" geben. Helfen Sie bei Bedarf mit der anderen Hand durch leichten Druck auf den Nacken etwas nach. Ist die gewünschte Position erreicht, bestärken Sie den Hund zunächst durch das Kommando „Bleib, Diener". Lassen Sie Ihren Russell Terrier anfangs nur ganz kurz in dieser Position verharren, sonst verliert er schnell die Lust. Verlängern Sie die Dauer erst allmählich. Nach und nach entfallen nun die Hilfestellungen sowie das „Bleib". Bald genügt das Wort „Diener" sowie

Selbst ein alter Stofffetzen ist ein tolles und sehr preiswertes Hundespielzeug.

eine entsprechende Handbewegung, um Ihren vierbeinigen Künstler zu einer Verbeugung zu animieren.

Selbst gemachtes Hundespielzeug

Leicht lässt sich ein Jute- oder Lederspielzeug selber herstellen: Nehmen Sie hierfür einen alten Jutesack, füllen sie ihn mit etwas Holzwolle und binden Sie ihn mit einem Baumwollstrick fest zu. Lederreste ergeben zusammengenäht und ausgestopft ebenfalls ein interessantes Apportel. Ein abgetrenntes Jeansbein, ein ausrangiertes T-Shirt, ein ausgedienter

Erste-Hilfe-Tipp

Hat Ihr Hund doch einmal aus Versehen ein gefährliches spitzes oder scharfes Teil gefressen, füttern Sie als Erste-Hilfe-Maßnahme sofort rohes Sauerkraut; dies wickelt sich im Verdauungstrakt um den Gegenstand, sodass dieser, meist ohne weitere Schäden anzurichten, wieder ausgeschieden wird. Kontaktieren Sie zur Sicherheit aber trotzdem auch ihren Tierarzt.

Strumpf oder ein altes Handtuch sind, allesamt mit einem großen Knoten versehen, lustige Schleuderspielzeuge. Leere Pizzakartons ergeben lustige Frisbee®-Scheiben für den Hausgebrauch; anschließend darf Ihr Russell diese Flugobjekte nach Herzenslust zerfetzen.

Der gemeinsame Alltag

Auch im Alltag ist ein wohlerzogener Russell Terrier ein toller Begleiter. Besuchen Sie beispielsweise Freunde, freuen sich diese sicherlich über einen schwanzwedelnden Gute-Laune-Macher, der Stimmung und Schwung in die Bude bringt. Der gemeinsame Gang in ein Restaurant sowie das brave unter dem Tisch Liegen versteht sich für einen vierbeinigen Gentleman von selbst. Mit einem vorbildlichen Hund sind Sie ein gern gesehener Gast, der fast schon negativ auffällt, wenn er einmal ohne seinen haarigen Begleiter kommt. Die mittägliche Einkehr wird Ihrem Russell versüßt, wenn er genüsslich ein wohlverdientes Lamm- oder Kaninchenohr kauen darf. Ein anschließender Verdauungsspaziergang tut nicht nur Ihnen, sondern auch Ihrem Vierbeiner gut. Ein gut erzogener Hund kann Sie außerdem zum Einkaufen begleiten. Gerne trägt Ihnen ein eifriger Apporteur beispielsweise eine gekaufte Zeitung nach Hause. Auf diese Weise haben nicht nur Sie, sondern auch Ihr Russell Terrier Spaß am gemeinsamen Shoppen.

Etliche Hunde sind wahre Autofetischisten, die einfach nur gerne mitfahren. Achten Sie hier unbedingt auf die ausreichende Sicherung Ihres Vierbeiners, ansonsten kann es im Falle eines Unfalls nicht nur gefährlich, sondern auch teuer werden, denn Tiere gelten im Auto rechtlich gesehen als Ladung. Sicherungssysteme gibt es inzwischen viele, doch leider sind nicht alle wirklich empfehlenswert. Achten Sie bei der Auswahl am besten auf vorliegende Ergebnisse von Crashtests oder DIN-Prüfungen. Auch der ADAC hat eine Liste mit Vor- und Nachteilen unterschiedlicher Sicherungseinrichtungen wie Spezialsicherheitsgurte, Trenngitter, Transportboxen & Co. herausgegeben.

Natürlich kann Sie Ihr PRT oder JRT bei vielen weiteren Aktivitäten begleiten: zum Beispiel bei einem Ausflug an einen Badesee oder im Winter zum Langlaufen. Vielleicht haben

Ein gut erzogener Russell ist in jedem Café ein gern gesehener Gast.

Sie auch einen hundefreundlichen Chef, der sich über einen vierbeinigen Mitarbeiter mit Aufgabenschwerpunkt „Verbesserung des Betriebsklimas" freut. Wichtig ist bei allem, dass Sie Ihren Hund ganz behutsam an die jeweils neue Situation heranführen. Sparen Sie dabei nie mit Lob. Trauen Sie ihm andererseits aber auch außerhalb Ihrer vier Wände ruhig ein ordentliches Auftreten zu. Haben Sie Mut für mehr gemeinsame Unternehmungen!

Hundesitter und -tagesstätten

Immer wieder einmal wird es vorkommen, dass Sie Ihren Russell nicht mitnehmen können. Wenn Sie länger als fünf Stunden abwesend sind, sollten Sie Ihren Vierbeiner bei einem Hundesitter unterbringen. Idealerweise finden Sie jemanden im Freundes- oder Verwandtenkreis, der Ihren Russell Terrier liebt und bei dem sich auch Ihr Hund wohlfühlt. Ist dieser Fall für Sie unrealistisch, fragen Sie andere Hundebesitzer, die Sie täglich beim Spaziergang treffen. Vielleicht kennt jemand eine hundebegeisterte Person, die selbst keinen Vierbeiner halten kann, aber hoch erfreut über gelegentlichen Hundebesuch ist. Häufig sind Tiersitter auch Tierärzten, Tierschutzvereinen, Hundeschulen oder Zoofachhändlern bekannt. Empfehlenswert ist ebenfalls der Blick in die Kleinanzeigen Ihrer Tageszeitung oder ins Internet. Möchten Sie Ihren Russell Terrier lieber von einem Profi betreuen lassen, wenden Sie sich an eine Hundetagesstätte. Hier sind meist mehrere Vierbeiner gleichzeitig „geparkt". Für gut sozialisierte Hunde ist dieser Aufenthalt ein großer Spaß, da sie hier viel Kontakt mit Artgenossen bekommen. Sensiblere Vertreter fühlen sich eventuell bei einem privaten Betreuer wohler, denn er kümmert sich ganz individuell ausschließlich nur um ihn. Tagesstätten sind häufig Hundepensionen oder -hotels angegliedert. Der Aufenthalt hier ist in der Regel teurer als bei einer privaten Stelle. Andererseits können Sie in professionellen Betrieben oftmals Extras buchen wie Erziehungstraining, Tierarztbesuche oder Wellnessprogramme. Nehmen Sie sich auf alle Fälle viel Zeit für die Suche und Auswahl eines geeigneten Hundesitters. Sehen Sie sich vor Ort genau um und beobachten Sie gut, wie Mensch und Hund miteinander umgehen und aufeinander reagieren. Nur wenn ein optimales Vertrauensverhältnis gegeben ist, werden sich beide Seiten wohlfühlen. Und nur dann können Sie beruhigt auch mal ohne Ihren Terrier unterwegs sein. Wichtig ist außerdem, den Vierbeiner möglichst frühzeitig an die Unterbringung bei anderen Personen zu gewöhnen, dann fällt ihm später die vorübergehende Trennung von Ihnen nicht so schwer.

In einer professionellen Hundetagesstätte sind meist mehrere Vierbeiner gleichzeitig untergebracht, das kann für Ihren Vierbeiner ein großer Spaß sein, muss es aber nicht.

... im Urlaub

Längere Zeit mit der Familie rund um die Uhr zusammen sein – das ist der Traum eines jeden Russell Terriers.

Mit dem Russell Terrier auf Reisen

Dabeisein ist für einen PRT oder JRT alles, daher gibt es für ihn auch nichts Schöneres als Sie im Urlaub zu begleiten. Ein sicherer Garant für eine erholsame Reise ist in erster Linie eine gute Organisation im Vorfeld. Möchten Sie ins Ausland fahren, sprechen Sie unbedingt vor Ihren Ferien mit Ihrem Tierarzt; er wird Sie beraten und aufklären und Ihnen alle erforderlichen Medikamente mitgeben. Vergessen Sie nicht, den auf dem Mikrochip des Hundes enthaltenen Code spätestens vor einer geplanten Reise bei einem Tierregister (siehe Kapitel „Hilfreiche Adressen") eintragen zu lassen, damit Ihr Vierbeiner im Falle eines Verschwindens schneller wieder gefunden werden kann. Besorgen Sie rechtzeitig alle Grenzpapiere, fehlendes Reisezubehör und Hundefutter.

Haben Sie einen hundefreundlichen Urlaubsort gefunden, geht es an die Suche einer geeigneten Unterkunft. Wollen Sie ein All-Inclusive-Paket buchen, sind Sie mit einem tierfreundlichen Hotel gut beraten. Inzwischen gibt es sogar richtige Hundehotels, in denen sich Herr und Hund gleichermaßen verwöh-

Vergessen Sie auch nicht, das Hundefutter einzupacken.

Wer im Urlaub gerne flexibel ist, mietet sich ein Wohnmobil.

nen lassen können. Außerdem werden Hotels mit angegliederter Hundeschule immer beliebter. Gerade Singles treffen hier viele Gleichgesinnte und knüpfen schnell Kontakte.

Lieben Sie es dagegen ruhiger, sind Sie gern flexibel und können gut auf Luxus verzichten, empfiehlt sich ein Ferienhaus oder -wohnung. Hier sind Sie Ihr eigener Herr und haben für sich und Ihren Russell Terrier viel Platz. Urige Camping- und Hüttenaufenthalte sowie Trekkingtouren mit Hund stellen für abenteuerlustige Outdoorfreaks eine reizvolle Alternative zum herkömmlichen Urlaub dar. Erkundigen Sie sich aber unbedingt vorab, ob Ihr Vierbeiner auch wirklich willkommen ist. Über das Internet oder das Tourismusbüro Ihres ausgewählten Ferienortes bekommen Sie entsprechende Adressen und Informationen.

Der Hunde-Fahrplan

Zu einer guten Urlaubsorganisation gehört auch die Wahl des passenden Verkehrsmittels. Je nach Land und gewähltem Verkehrsmittel gibt es für die Mitnahme eines Hundes einiges zu beachten, schließlich soll schon die Anreise für alle Beteiligten stressfrei und entspannend sein. Am beliebtesten ist sicherlich die Fahrt mit dem Auto. Ihr Russell benötigt hier unbedingt einen eigenen Platz, an dem er vorschriftsmäßig gesichert ist. Achten Sie außerdem auf ausreichend Kühlung sowie Frischluft und Wasser. Vermeiden Sie jedoch Zugluft, denn die kann zu schweren Augenentzündungen und Erkältungen führen. Regelmäßige Gassi- und Trinkpausen sind ein Muss; halten Sie dafür immer Wasserflasche und -napf griffbereit. Füttern Sie Ihren Hund zuletzt maximal vier Stunden vor Reiseantritt, ansonsten liegt ihm sein Futter unterwegs schwer im Magen. Führt Ihre Strecke über Bergstraßen, bieten Sie Ihrem Vierbeiner bei häufigem Gähnen oder Hecheln ein paar Le-

Fahren Sie bei einem Stau von der Autobahn ab und machen Sie erst einmal einen ausgedehnten Spaziergang, bei dem Ihr Russell richtig rennen kann.

Tipp!

Lassen Sie Ihren Russell Terrier an heißen Tagen nie im Auto zurück, auch dann nicht, wenn Sie nur eine kurze Pause benötigen. Selbst geöffnete Fenster verhindern nicht die enorme Aufheizung des Autos, das für den Vierbeiner schnell zur quälenden und tödlichen Falle werden kann.

In der Bahn fährt Ihr Russell kostenlos mit, wenn Sie ihn in einer Transporttasche unterbringen.

Auf Fähren gibt es häufig für die Unterbringung von Hunden spezielle Boxen. Hier ist es dann schöner, wenn Frauchen dabei bleibt.

ckerli oder einen Kauknochen an, damit sich der unangenehme Druck auf den Ohren löst. Planen Sie auf jeden Fall genug Zeit für die Anreise ein, eventuell sogar mit Zwischenübernachtungen. Die besten Reisezeiten sind morgens und abends, eventuell sogar nachts. Versuchen Sie, Staugebiete zu umfahren. Kommen Sie trotzdem in einen Stau, verlassen Sie bei nächster Gelegenheit lieber die Autobahn für einen Spaziergang, bis sich der Stau wieder aufgelöst hat.

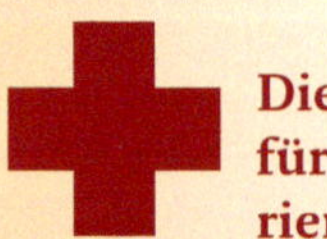

Die Reiseapotheke für Ihren Russell Terrier sollte enthalten

- Eventuell benötigte Dauermedikamente
- Mittel gegen Reisekrankheit oder Beruhigungsmittel
- Mittel gegen Durchfall
- Wundspray/Desinfektionsmittel
- Augen- und Ohrentropfen
- Floh- und Zeckenmittel
- Zeckenzange
- Schere
- Fieberthermometer
- Gaze, Verbandsmaterial
- Pfotenschutzschuh
- Rescue-Tropfen von Bach

Mit der Bahn unterwegs

Für die Fahrt in einem öffentlichen Verkehrsmittel ist ein guter Benimm Ihres Russell Terriers eine selbstverständliche Grundvoraussetzung. Auch eine gewisse Nervenstärke ist von Nöten, denn nicht nur auf dem Bahnsteig, sondern auch im Zug selber muss Ihr vierbeiniger Begleiter häufig mit Menschenmengen und großer Enge fertig werden. Unternehmen Sie vor der Abreise noch einen langen Spaziergang, damit Ihr Hund nicht nach einiger Zeit im Zug unruhig wird. Längere Aufenthalte sind für kleine Pinkelpausen nützlich. Stecken Sie für den Notfall ein Kottütchen ein. Lassen Sie Ihren Russell nie auf dem Bahnsteig frei laufen. Leicht könnte er durch das Treiben dort in Panik geraten und entwischen. In der Bahn ist ebenfalls Leinenzwang angesagt. Hunde in der Größe eines Russell Terriers, die auch noch in einer Transporttasche oder -box Platz haben, fahren kostenlos.
Weitere Infos finden Sie im Internet unter **www.bahn.de**

Unterwegs in Bus und Taxi

In vielen Städten gibt es spezielle Tiertaxis. Aber auch in normalen Taxis dürfen Hunde

Das gehört ins Hundegepäck

- ✓ Leine und Halsband bzw. Geschirr
- ✓ Adressen-Schild fürs Halsband mit Urlaubsadresse und dem Reisezeitraum sowie der Heimatadresse
- ✓ Maulkorb
- ✓ Eventuell Transportbox
- ✓ Körbchen, Decke und Handtücher
- ✓ Spielzeug
- ✓ Frisches Trinkwasser und Näpfe
- ✓ Futter, Leckerli und Kauknochen
- ✓ Dosenöffner
- ✓ Bürste und/oder Kamm
- ✓ Kottütchen
- ✓ Sonnenschutz
- ✓ Reiseapotheke
- ✓ EU-Heimtierausweis/Grenzpapiere
- ✓ Versicherungsnummer und Anschrift der Haftpflichtversicherung

mitfahren. Erwähnen Sie aber bereits bei der Bestellung, dass Sie ein Vierbeiner begleitet. Busfahren ist in manchen Städten für Hunde kostenlos, in anderen gilt der halbe Fahrpreis. Fragen Sie entweder gleich vor Ort den Fahrer oder erkundigen Sie sich vorab beim örtlichen Fremdenverkehrsbüro.

„Eine Seefahrt, die ist lustig ..."

Fährüberfahrten mit einer Dauer von ein bis drei Stunden stellen für Hundebesitzer meist kein Problem dar, weil der Vierbeiner in der Regel mit an Deck darf. Allerdings kann dies auch von Land zu Land verschieden sein, erkundigen Sie sich also lieber vorab bei Ihrem Reiseveranstalter. Bei längeren Strecken sind Hunde häufig wegen fehlender Unterbringungsmöglichkeiten nicht zugelassen. Manche Fähren bieten inzwischen schon spezielle Hundekabinen an. Grundsätzlich gilt auf Schiffen Leinenzwang, manchmal sogar Maulkorbpflicht.

Vergessen Sie nicht Ihre Hundegrundausstattung wie Napf, Wasser, eventuell etwas Futter, eine Decke sowie den Heimtierausweis und je nach Einreiseformalität ein Gesundheitszeugnis. Kreuzfahrten sind für Hunde tabu. Einzige Ausnahme: die „Queen Elisabeth II", sie hat ein eigenes Hundedeck.

Flugreisen mit Hund

Nur kleine Hunde bis zu einem Gewicht von 5 kg dürfen bei den meisten Fluggesellschaften im Passagierraum mitfliegen. Informieren Sie sich aber unbedingt vor der Flugbuchung über die Mitnahmebedingungen. Auch Blinden- und Behindertenbegleithunde können unabhängig von ihrer Größe bei ihrem Halter bleiben. Vierbeiner von der Größe eines PRT müssen in einer Transportbox im Gepäckraum untergebracht werden. Leichte JRT dürfen noch im Passagierraum mitfliegen. Sprechen Sie vor einem Flug mit Ihrem Tierarzt und lassen Sie sich auf jeden Fall ein Beruhigungsmittel für Ihren Vierbeiner mitgeben, denn eine Flugreise bedeutet großen Stress für den

Am besten ist es natürlich, wenn Sie Ihren Russell bei Freunden oder Verwandten in Pflege geben können, die vielleicht auch einen Terrier besitzen.

Für die Pflegefamilie muss zusätzlich ins Hundegepäck

- ✓ Eventuell nötige Medikamente
- ✓ Ihre Urlaubsadresse bzw. Handynummer für Notfälle
- ✓ Telefonnummer Ihres Tierarztes
- ✓ Liste mit Vorlieben, Abneigungen und Eigenheiten Ihres Hundes

Alle Beteiligten sollten sich schon mal vorab auf gemeinsamen Spaziergängen kennenlernen.

Hund. Weitere Informationen zum Thema bekommen Sie unter **www.flughund.de**

Der Russell Terrier in der Pflegestelle

Haben Sie ein besonders weit entferntes oder heißes Urlaubsziel im Auge, ist es besser auf die Mitnahme Ihres Russells zu verzichten und ihn während Ihrer Abwesenheit zu Hause optimal unterzubringen. Auch diese Ferienvariante muss gut vorbereitet werden. So gilt es zunächst einen zuverlässigen, lieben Hundesitter oder eine kompetente Tierpension zu finden. Im Idealfall kann Ihr Terrier bei Verwandten oder Freunden einquartiert werden. Häufig nimmt der Züchter seinen ehemaligen Nachwuchs gern in Pflege. Vielleicht kennt er aber auch jemanden, bei dem Ihr haariger Kamerad während Ihres Urlaubs gut aufgehoben ist. Professionelle Hundepensionen finden Sie über das Internet, das Branchenverzeichnis, Ihren Tierarzt, Tierschutzvereine, Zoofachgeschäfte, Hundevereine, den Kleinanzeigenteil Ihrer Tageszeitung oder Tierzeitschriften. Auch andere Hundebesitzer, die Ihren Vierbeiner ebenfalls schon in einer Pension untergebracht haben, können Ihnen entsprechende Tipps geben. Sogar Tierheime nehmen vorübergehende Pfleglinge auf. Die Bezahlung ist hier für einen guten Zweck, denn das Geld kommt gleichzeitig dem Tierschutz zugute.

Nehmen Sie sich unbedingt Zeit für die Auswahl eines geeigneten Pflegeplatzes. Sehen Sie sich vor Ort genau um, sprechen Sie ausführlich mit der zuständigen Person und vereinbaren Sie vorab am besten mehrere Treffen, damit Ihr Russell Terrier und der vorübergehende Betreuer sich schon etwas kennenlernen. Beobachten Sie das Verhalten Ihres Vierbeiners: Fühlt er sich wohl in der neuen Umgebung? Hat er Vertrauen zu seinem möglichen Pfleger? Nehmen Sie Abstand von Hundepensionen, die nur auf Ihr Geld, nicht aber auf das Wohl Ihres Hundes aus sind. Zahlen Sie andererseits lieber mehr, wenn Ihnen der Pflegeplatz optimal erscheint. Haben Sie einen vertrauenswürdigen Hundesitter gefunden, schließen Sie mit ihm einen Vertrag ab. Sprechen Sie eventuelle Vorlieben, Abneigungen und Eigenheiten Ihres Russell Terriers an. Informieren Sie ihn außerdem über die gewohnten Fütterungs- und Gassigehzeiten. Gehorcht Ihr Vierbeiner nicht absolut zuverlässig, bitten Sie den Pfleger, Ihren Hund beim Spaziergang nicht abzuleinen. Alle wichtigen Informationen halten Sie für den Sitter am besten schriftlich fest. Geben Sie Ihren Russell nicht erst am letzten Tag vor Ihrer Reise in der Betreuungsstelle ab, damit eventuelle Schwierigkeiten noch vor Ihrer Abfahrt geklärt werden können.

Vorsorge

Russell Terrier gelten generell als robust, gesund und langlebig.

Neben einer optimalen Pflege, Ernährung und Auslastung gibt es weitere vorsorgende Maßnahmen, die zu einem langen, gesunden Hundeleben beitragen. Hierzu gehören natürlich regelmäßige Entwurmungen und Impfungen (siehe Kasten Seite 107). Außerdem ist ein hygienisches Umfeld wichtig: Achten Sie stets auf einen sauberen Futterplatz und gereinigte Näpfe. Waschen Sie auch das Hundebett öfter in der Maschine, damit Parasiten wie Milben oder Flöhe keine Überlebenschance haben. Suchen Sie Ihren Russell Terrier zudem von Frühjahr bis Herbst täglich nach Zecken ab, denn diese könnten Ihren Hund beispielsweise mit Borreliose infizieren. Vor starkem Befall schützen spezielle Präparate vom Tierarzt.

Eine bewährte Prophylaxe gegen Krankheitsanfälligkeit ist viel Bewegung an der frischen Luft bei jedem Wetter, denn auf diese Weise härten Sie Ihren Vierbeiner ab.

Vorbeugen ist besser als Heilen, so stärkt viel Bewegung an der frischen Luft das Immunsystem von Zwei- und Vierbeinern nachhaltig.

Manchen gesundheitlichen Schwachstellen Ihres Hundes können Sie gut mit Alternativmedizin begegnen und dadurch Erkrankungen vorbeugen. Hier leistet beispielsweise die Homöopathie hervorragende Dienste. So unterstützt Echinacea wirkungsvoll ein geschwächtes Immunsystem. Das Anfangsmittel bei einer beginnenden Erkältung ist Aconitum. Gelsemium oder Euphorbium können bei bereits bestehendem Schnupfen und Belladonna bei Husten helfen. Zur Verbesserung des Allgemeinbefindens wird China oder Mucosa verabreicht.

Weitere wirksame Rezepte hält die Kräutermedizin parat. So tun Salbei-Tee und -Honig Ihrem Hund bei Husten gut. Auch Löwenzahn- und Spitzwegerich-Honig sind empfehlenswert. Geben Sie in der Akutphase mehrmals täglich einen Teelöffel. Anfällige, alte oder geschwächte Tiere bekommen durch Zufütterung von Vitamin-C-reichem Hagebutten- oder Holunderbeerenmus neuen Schwung. Zur allgemeinen Stärkung ist Rosmarin sehr gut geeignet. Brennnessel und Löwenzahn kurbeln den Stoffwechsel an und sorgen auf diese Weise für eine bessere Fitness.

Diverse Rezepte aus der Alternativmedizin sind in vielen Fällen sehr wirksam. Außerdem lassen sie sich auch gut präventiv einsetzen.

Bevor Sie Ihren Hund routinemäßig entwurmen, lassen Sie eine Kotprobe untersuchen, um zu sehen, ob eine Wurmkur überhaupt nötig ist.

Impfungen sind wichtig, denn damit ist Ihr Terrier vor einigen sehr gefährlichen Infektionskrankheiten geschützt.

Reiben Sie rissige Ballen mit Kamillen- oder Ringelblumensalbe ein, damit sie sich nicht entzünden. Ebenso bewährt haben sich Johanniskraut- und Lavendelöl.
Behandeln Sie eine durch Schneefressen verursachte Magenreizung mit Kamillen-Tee; er

Entwurmung

Führen Sie viermal im Jahr eine Wurmkur bei Ihrem Russell Terrier durch, um ihn vor Darmparasiten wie Band-, Rund-, Haken- und Peitschenwürmern zu schützen, mit denen er sich überall in freier Natur durch tote Wildtiere oder deren Kot infizieren kann. Möchten Sie Ihren Hund nicht routinemäßig entwurmen, sollten Sie wenigstens alle drei Monate eine Kotprobe von Ihrem Tierarzt auf Würmer untersuchen lassen, damit Sie im Falle einer Infektion schnell handeln können, schließlich ist eine Übertragung auf Menschen ebenfalls möglich.

Impfungen

Damit Ihr Vierbeiner vor einigen sehr gefährlichen Infektionskrankheiten geschützt ist, sind Impfungen wichtig, die bis zur Abgabe des Welpen beim Züchter durchgeführt werden müssen. Für alle weiteren Impfungen sind Sie als neues Herrchen oder Frauchen des kleinen Knirpses verantwortlich. Zwar kann auch ein geimpfter Hund noch an den diversen Erregern erkranken, der Krankheitsverlauf selbst ist dann aber nur leicht, schließlich hatte das Immunsystem durch die Impfung vorab schon die Möglichkeit, sich durch die Bildung von entsprechenden Antikörpern auf die Erregerbekämpfung vorzubereiten.

Folgendes Impfschema ist angeraten:

6. bis 8. Woche *Parvovirose und Staupe*

8. Woche *Hepatitis c.c., Leptospirose und Zwingerhusten*

10. bis 12. Woche *Auffrischung Parvovirose und Staupe*

12. Woche *Auffrischung Hepatitis c.c., Leptospirose und Zwingerhusten*

ab 12. Woche *Tollwut*

Das vom VDH und Tierärzten empfohlene Impfschema empfiehlt ***mit 16 Wochen eine weitere Impfung:*** *Parvovirose, Staupe, Hepatitis, Leptospirose, Zwingerhusten, Tollwut*

alle ein bis drei Jahre eine Auffrischungsimpfung *Parvovirose, Staupe, Hepatitis c.c., Leptospirose, Zwingerhusten, Tollwut*

Ein Fieberthermometer darf in keiner Hausapotheke fehlen.

wirkt entzündungshemmend und beruhigt die Schleimhaut. Legen Sie bei Bauchschmerzen warme, entspannende Kamillen-Umschläge auf den Hundebauch.

Natürlich gehört auch ein hundesicheres Zuhause zu einer umfassenden Gesundheitsvorsorge. So ist der beste Schutz vor Unfällen die Vermeidung gefährlicher Situationen. Was Sie dabei in Ihrer Wohnung und Ihrem Garten alles beachten müssen, lesen Sie im Kapitel „Welpensicheres Zuhause". Wenn Ihr Russell nicht zuverlässig folgt, leinen Sie ihn in unsicherem Gelände nie ab: zu schnell kommt es zu einer Katastrophe. Ein wirkungsvoller Schutz vor Vergiftungen ist, Ihrem Hund schon früh beizubringen, nur auf Befehl hin zu fressen. So nimmt er auch unterwegs nichts Unerlaubtes und eventuell Gefährliches auf.

Die Hausapotheke Ihres Russell Terriers

- Eventuell nötige Dauermedikamente
- Mittel gegen Durchfall
- Wundspray
- Desinfektionsmittel
- Augen- und Ohrentropfen
- Flohschutzmittel
- Zeckenschutzmittel
- Zeckenzange
- Wurmkur
- Schere
- Fieberthermometer
- Gaze, Verbandsmaterial
- Pfotenschutzschuh
- Vaseline gegen rissige Ballen
- Eventuell Maulkorb
- Rescue-Tropfen von Bach

Physiologische Daten eines Russell Terriers

Körpertemperatur 38 bis 39 °C (bei Welpen bis zu 39,3 °C)

Atemfrequenz 30 bis 50 Züge pro Minute

Pulsfrequenz 90 bis 120 pro Minute

Schleimhaut: rosa, feucht, glatt und glänzend, ohne Auflagerungen

Bei Stress und/oder körperlicher Belastung steigen diese Werte an.

Bekannte Krankheitsbilder

Russell Terrier leiden recht lange still, reagieren Sie daher sofort, wenn Sie Anzeichen einer Erkrankung bemerken.

Russell Terrier sind, was Krankheiten betrifft, nicht wehleidig und hart im Nehmen. Häufig leiden sie still, ehe sie sich ein Unwohlsein anmerken lassen. Beobachten Sie daher Ihren Hund gut und reagieren Sie bereits bei den ersten Anzeichen einer Erkrankung. Suchen Sie frühzeitig einen Tierarzt auf, hat Ihr Vierbeiner grundsätzlich die besten Heilungschancen. Nachfolgend stellen wir einige bekannte Krankheitsbilder vor.

Hereditäre Ataxie

Eine hereditäre Ataxie tritt meist im Alter von zwei bis sechs Monaten auf. Sie äußerst sich in einer auffälligen Hypermetrie (= überschießend-ausfahrende Bewegungen), Steifheit aller vier Gliedmaßen und Gleichgewichtsstörungen. Manchmal können auch epileptische Anfälle oder anfallsartige Atemnot auftreten. Die Symptome verstärken sich mit zunehmendem Alter. Verursacht wird diese Erkrankung durch Degenerationen einzelner Nervenbahnen des Rückenmarks und Gehirns. Betroffene Terrier haben meist abnormale Kurvenverläufe in der Hirnstamm-Audiometrie. Da diese Krankheit vererbbar ist, sind an Ataxie erkrankte Tiere von der Zucht ausgeschlossen. Die Hereditäre Ataxie ist generell eine eher seltene Erkrankung und betrifft unter den Russell Terriern vornehmlich den JRT.

Linsenluxation

Bei einer Linsenluxation löst sich die Linse, wahrscheinlich aufgrund von fehlerhaft entwickelter Fasern, aus ihrer Verankerung und bewegt sich dann frei im Augeninneren. Meist liegt die Linse dann direkt hinter der Hornhaut. Ein normales Sehen ist so nicht mehr möglich. Zusätzlich kommt es zu einem gefährlichen Druckanstieg im Auge. Das Sehvermögen kann nur erhalten werden, wenn die Linse so schnell wie möglich operativ entfernt wird. Ein rasches Handeln ist nötig, da bereits nach wenigen Tagen die Erfolgschancen deutlich gemindert sind. Die Erkrankung tritt meist im Alter von drei bis fünf Jahren auf. Hunde mit einer Linsenluxation sind von der Zucht ausgeschlossen.

Die Rassezuchtvereine lassen nur Hunde zur Zucht zu, die frei von erblichen Augenerkrankungen sind.

Augenerkrankungen

Alle Zuchthunde müssen von einem vom VDH anerkannten Augentierarzt auf Augenerkrankungen untersucht werden. Nur Russell Terrier, die keine Augenerkrankungen aufweisen, sind zur Zucht zugelassen.

Der KfT schreibt bei allen PRT vor dem Zuchteinsatz eine Untersuchung auf Taubheit vor, denn eine überwiegend weiße Färbung der Hunde scheint eng mit vererbter Taubheit verbunden zu sein.

Progressive Retina Atrophie (PRA)

Die Progressive Retina Atrophie ist ein Sammelbegriff für erbliche, fortschreitende Netzhautdegenerationen mit verschiedenen genetischen Ursachen. Durch lokale Stoffwechselstörungen im Gewebe der Netzhaut wird diese kontinuierlich zerstört. Letztendlich führt die PRA zur vollständigen Erblindung, meist um das achte bis zehnte Lebensjahr des Hundes. Eine Behandlungsmöglichkeit gibt es nicht. Die Erkrankung beginnt mit einem verschlechterten Sehvermögen in der Dämmerung oder mit Nachtblindheit. Die Rassezuchtvereine lassen nur PRA-freie Hunde zur Zucht zu.

Patellaluxation

Patellaluxation bedeutet eine plötzliche Verlagerung der Kniescheibe aus ihrer Gleitrinne im Oberschenkelknochen. Mögliche Ursachen sind eine zu flach ausgebildete Gleitrinne und Abweichungen in der Knochenachse zwischen Ober- und Unterschenkel. Die Erkrankung ist vererbbar und tritt meist während des Wachstums im ersten Lebensjahr zutage. In etwa 80 % der Fälle und gehäuft bei Zwerghunde-

Sind Sie sich bei dem Anlegen eines Pfotenverbandes unsicher, stellen Sie Ihren Hund besser dem Tierarzt vor.

rassen luxiert die Kniescheibe nach innen (mediale Luxation). Bei wiederholtem Auftreten können schmerzhafte Gelenkentzündungen und Knorpelschäden entstehen, die dann wiederum zu Lahmheit und Hochhalten des betroffenen Beins führen. Springt die Kniescheibe in ihre normale Position zurück, wird das Bein wieder normal belastet. Um schwere Gelenkschäden zu vermeiden, ist eine frühzeitige Behandlung angeraten. In einem frühem Stadium ist meist keine Operation notwendig; später müssen die Gleitrinne der Kniescheibe operativ vertieft und die Ansatzstelle des geraden Kniescheibenbandes versetzt werden.
In den VDH-Rassezuchtvereinen wird seit Jahren auf gesunde Knie selektiert.

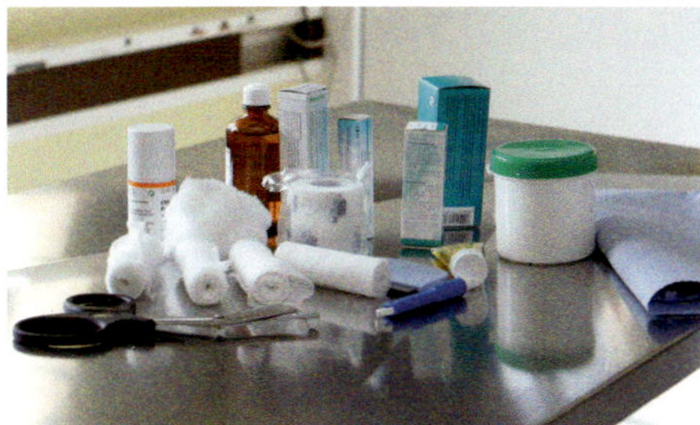

Lassen Sie sich von Ihrem Tierarzt ein Notfall-Set für Ihren Hund zusammenstellen.

Notfall-Set

- Elastische Mullbinden
- Sterile Gaze
- Selbstklebende Verbände
- Watte
- Pflasterrolle
- Verbandsschere
- Wunddesinfektionsmittel
- Antiseptisches Puder
- Brand- und Antihistamin-Salbe (vom Tierarzt)
- Heparin-Salbe (vom Tierarzt)
- Traumeel Salbe
- Digitales Fieberthermometer
- Taschenlampe
- Decke
- Eventuell Maulkorb
- Ersatzleine
- Einmalhandschuhe

Die VDH-Zuchtvereine selektieren schon seit längerem auf gesunde Knie hin.

Alternative Heilmethoden

Alternative Heilmethoden kommen immer mehr auch in der Tiermedizin zum Einsatz und zwar mit großem Erfolg.

Auch im tiertherapeutischen Sektor sind alternative Heilmethoden zunehmend im Kommen. Bei manchen Krankheiten, kann eine schulmedizinische Behandlung häufig völlig durch alternative Verfahren ersetzt werden. Meist dauert solch eine Therapie zwar länger, andererseits ist sie jedoch deutlich nebenwirkungsärmer. Bei chronischen Erkrankungen hat sich der Einsatz alternativer Heilmethoden ebenfalls bewährt. In schweren Krankheitsfällen können natürliche Verfahren mit der Schulmedizin kombiniert werden und so zusätzliche Linderung verschaffen. Im Folgenden stellen wir Ihnen einige bewährte Heilmethoden vor.

Homöopathie

Die Homöopathie, die von dem Arzt Samuel Hahnemann (1755–1843) begründet wurde, betrachtet den Menschen bzw. das Tier in seiner Gesamtheit. Hier spielt nicht nur das akute körperliche Symptom eine Rolle, sondern die gesamte Persönlichkeit des Tieres mit all ihren körperlichen und seelischen Eigenheiten. Um das passende Mittel zu finden, sind also neben dem Leitsymptom auch der Wesenstyp, die Entstehung der Krankheit, der augenblickliche Zustand und weitere Besonderheiten des Patienten zu beachten. Dabei gilt der Grundsatz: Ähnliches ist mit

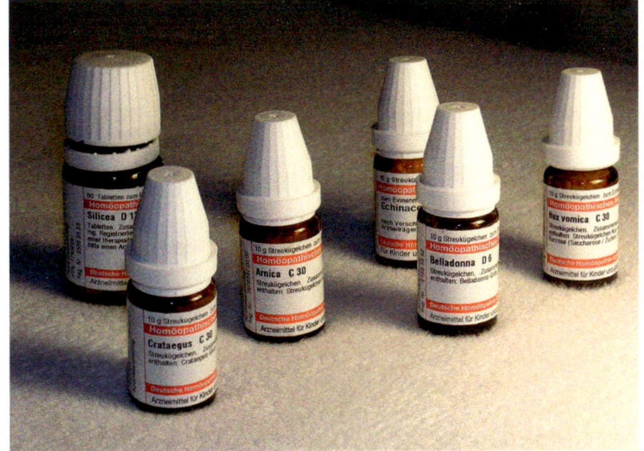

Die Homöopathie sieht Mensch und Tier als Ganzes, nicht nur das körperliche Symptom spielt also eine Rolle, sondern auch die Psyche des jeweiligen Individuums.

Ähnlichem zu heilen. Homöopathika stammen überwiegend aus dem Pflanzenreich; man verwendet aber auch Mineralien, Stoffe aus dem Tierreich, Metalle und Nosoden. Mithilfe von Wasser, Alkohol oder Milchzucker entstehen aus den natürlichen Stoffen Ursubstanzen. Diese Ursubstanzen werden nach den Angaben Hahnemanns durch entsprechende Verdünnungen zu Dezimalpotenzen (z. B. D-, C-, LM-Potenzen) verarbeitet, die der Therapeut schließlich je nach Schweregrad der Erkrankung zur Behandlung einsetzt. Homöopathische Arzneimittel gibt es als Tropfen, Tabletten, Globuli (Streukügelchen) oder Injektionslösung. Neben den reinen Substanzen sind auch etliche homöopathische Mischpräparate erhältlich.

Phytotherapie

Unter Phytotherapie oder Pflanzenheilkunde versteht man die Lehre der Verwendung von Heilpflanzen als Medikament. Sie gehört zu den ältesten medizinischen Therapien und ist auf der ganzen Welt in allen Kulturen verbreitet. Zum Einsatz kommen dabei ganze Pflanzen und deren Teile (Blüten, Blätter, Wurzel), die auf verschiedene Weise (z. B. als Frischkraut, Aufguss, Auskochung, Kaltwasserauszug und Pulverisierung) zu einem Medikament verarbeitet werden. Meist verwendet der Phytotherapeut Stoffgemische, die sich bereits als gut wirksam bewährt haben. Auch die Homöopathie nutzt auf pflanzlicher Ebene die Erkenntnisse der Phytotherapie.

Akupunktur

Die Akupunktur ist ein Teilgebiet der Traditionellen Chinesischen Medizin (TCM). Man geht hier von über 300 Akupunkturpunkten aus, die auf verschiedenen Meridianen (= Energiebahnen) des Körpers angeordnet sind. Durch das Einstechen von speziellen Akupunkturnadeln erwärmen sich die gestochenen Punkte und bringen das Qi (= Lebensenergie) wieder in einen intakten Fluss. Die Akupunktur gehört zu den Umsteuerungs- und Regulationstherapien. Eine Sitzung dauert 20–30 Minuten. Der Patient wird dabei ruhig und entspannt gelagert. Eine komplette Therapie umfasst in der Regel 10–15 Sitzungen. Die Akupunktur hat sich vor allem bei

In der Phytotherapie kommen nicht nur ganze Pflanzen, sondern auch einzelne Teile davon zum Einsatz.

Durch die Akupunktur wird die Lebensenergie wieder in einen intakten Fluss gebracht.

Schmerzpatienten bewährt. Für Hunde mit HD oder anderen Gelenkproblemen ist dies oft die letzte Chance, schmerzfrei zu werden. Eine Spezialform der Akupunktur ist die Goldakupunktur: Dabei werden kleine Goldkügelchen minimalinvasiv unter Narkose in bestimmte Akupunkturpunkte eingesetzt. Diese Goldkugeln bewirken eine Dauerakupunktur; die Schmerzleitung wird dadurch gehemmt und das Tier läuft somit wieder beschwerdefrei. Der Eingriff ist einmalig und wirkt in der Regel ein Leben lang. Die Goldakupunktur führt nicht jeder Tierarzt durch. Voraussetzung ist eine Ausbildung sowie langjährige Erfahrung in Akupunktur, ganzheitlicher Orthopädie und Chirurgie. Tierärzte mit der Zusatzbezeichnung „Akupunktur" sind bei den einzelnen Landestierärztekammern zu erfragen.

Osteopathie

Die Osteopathie ist eine sanfte Methode, mit deren Hilfe die Selbstheilungskräfte des Körpers neu aktiviert werden. Auch der Osteotherapeut arbeitet ganzheitlich; nach einem ausführlichen Gespräch über den Patienten und dessen Beschwerden erspürt er mit seinen Händen Körperblockaden, die er anschließend durch bestimmte Berührungstechniken auflöst (meist sind mehrere Anwendungen nötig). Auf diese Weise kommt das Körpergewebe wieder ins Gleichgewicht und alle Körperflüssigkeiten zurück in ihren natürlichen Fluss. Osteopathie wird vor allem bei Schmerzpatienten erfolgreich angewendet, wobei der Schmerz meist nur ein Symptom einer tiefer liegenden Erkrankung bzw. Blockade ist. Immer mehr Tierphysiotherapeuten bieten zusätzlich zu ihrem herkömmlichen Leistungsspektrum Osteopathie an.

Neben der Akupunktur wird auch die Osteopathie sehr erfolgreich bei der Behandlung von Schmerzpatienten eingesetzt.

Was ändert sich im Alter?

Ein Jagdgebrauchshund hat auch im Alter noch Spaß an gemeinsamen Reviergängen.

Ihr vierbeiniger Senior wird eventuell mit der Zeit etwas schrullig. Nehmen Sie ihm das nicht krumm, sondern quittieren Sie es lieber mit einem Augenzwinkern.

Fitmacher „Spielen"

Fordert Ihr vierbeiniger „Rentner" Sie noch zum Spielen auf, machen Sie ihm die Freude und gehen Sie darauf ein; so fühlt er sich wichtig und dazugehörig. Respektieren Sie allerdings die Tatsache, dass ältere Hunde schneller die Lust am Spielen verlieren als Jungspunde. An manchen Tagen ist Ihr betagter Freund vielleicht überhaupt nicht zum Spielen aufgelegt. Möchte Ihr Senior von heute auf morgen nicht mehr spielen, lassen Sie ihn vom Tierarzt untersuchen, denn eventuell verdirbt ihm ein akutes gesundheitliches Problem den Spaß.

Hundesenioren gebührt besondere Aufmerksamkeit. Sie haben sich nach ereignisreichen Jahren des Zusammenlebens mit uns einen besonders schönen Lebensabend verdient.

Ein Russell Terrier altert zwischen dem 8. und 9. Lebensjahr. Dies macht sich nicht nur durch äußere Anzeichen wie dem zunehmenden Grauwerden um Schnauze und Augen bemerkbar, sondern auch durch bestimmte Wesensveränderungen und Alterswehwehchen. Mit der Zeit wird Ihr Russell gelassener und ruhiger. Er hat ein höheres Schlafbedürfnis als früher, sein Bewegungsdrang nimmt allmählich ab. Häufig reagieren ältere Vierbeiner weniger flexibel auf Veränderungen. Eine verstärkte Anhänglichkeit, nächtliche Unruhe und geringeres Interesse an Artgenossen ist ebenfalls oft zu erkennen. Manche Hunde zeigen sich sogar schrullig und legen plötzlich bestimmte Marotten an den Tag, die sie vorher nicht hatten. Ursache hierfür können Verkalkungen im Gehirn sein, die eine Senilität bewirken. Nun sind mehr denn je Ihr Humor und Ihre Lockerheit gefragt. Zwar sollten Sie selbst mit einem alten Vierbeiner konsequent sein, trotzdem darf hier und da ein Augenzwinkern nicht fehlen.

Bereiten Sie Ihrem alternden Russell einen besonders schönen Lebensabend. Er hat es sich verdient.

Auch die Leistung der Sinnesorgane lässt allmählich nach: Ihr PRT oder JRT hört, sieht und riecht nun schlechter als früher. Viele Hunde zeigen außerdem eine erhöhte Neigung zu Übergewicht. Um den gefährlichen Folgen des Dickwerdens wie Gelenkschäden oder Herz-Kreislauf-Störungen vorzubeugen, ist eine altersangepasste Ernährung nötig.

Trotz aller Veränderungen ist es wichtig, dass Sie Ihren vierbeinigen Senior nicht als alt, senil und „unbrauchbar" abstempeln!

Der richtige Umgang

Wer rastet, der rostet

Ihr Russell Terrier altert schneller, wenn er sich abgeschoben fühlt und nicht mehr altersangemessen gefordert wird. Daher ist körperliche Aktivität besonders wichtig. Sie bringt nicht nur den Kreislauf in Schwung, auch Muskeln und Gelenke bleiben beweglich. Ebenso wird die Durchblutung aller Organe angeregt und eine optimale Sauerstoffversorgung gewährleistet. Der zusätzliche Abbau von Stresshormonen führt zu ausgeglichener Zufriedenheit. Richten Sie Art und Umfang der Bewegung nach den Bedürfnissen, der Fitness und der allgemeinen, bis dahin erworbenen Kondition Ihres Russell Terriers aus. Gehen Sie sensibel auf den Aktivitätsdrang Ihres Vierbeiners ein; beobachten Sie ihn gut und überfordern Sie ihn nicht. Ein Spaziergang, auf dem Ihr bellender Senior über sein Tempo und eventuelle Toberunden selber bestimmen darf, ist besser als eine Joggingrunde, bei der Ihr alter Freund nur mühsam Schritt halten kann. Untrainierte Vierbeiner sollten Sie nicht von heute auf morgen anstrengenden, ungewohnten Aktivitäten aussetzen. Jagdlich geführte Russells sind noch im Rentenalter für gemeinsame Pirschgänge im Revier zu begeistern.

Bei Spaziergängen ist Regelmäßigkeit und Gleichmäßigkeit sehr wichtig; das heißt: gehen Sie mit einem alten Russell Terrier lieber mehrmals täglich eine halbe Stunde spazieren, als einmal am Tag ganz lang. Diese Kontinuität sollten Sie auch am Wochenende und im Urlaub beibehalten, damit der Grad der Belastung einheitlich bleibt. Achten Sie außerdem darauf, dass Ihr Senior vor einer Übungseinheit auf dem Hundeplatz, einer Toberunde mit Artgenossen oder einer kleinen Fahrradtour genügend aufgewärmt ist. Ein unvorbereiteter Kaltstart belastet Herz, Kreislauf, Muskeln, Bänder und Gelenke zu stark. Führen Sie Ihren Russell

Ein Spielchen in Ehren sollte niemand verwehren ...

lieber erst in gleichmäßigem Schritttempo an der Leine spazieren, ehe er sich richtig auspowern darf. Im Anschluss an eine sportliche Betätigung sollte Ihr Senior ebenfalls in ruhigem Tempo wieder abkühlen können.

Angemessene Bewegung für Seniorhunde

Um Gelenke, Muskeln und Bänder zu schonen, ist eine gleich bleibende Bewegungsabfolge empfehlenswerter als beispielsweise ein wildes Ballspiel, bei dem der Hund abrupt starten und wieder abbremsen muss.

Extrem Kreislauf belastend sind hohe, schwüle Sommertemperaturen; verlegen Sie Spaziergänge und sportliche Aktivitäten mit Ihrem we-

Gerade für ältere Hunde ist Schwimmen sehr gesund, vergessen Sie aber an kühleren Tagen nicht, Ihren Vierbeiner anschließend abzutrocknen, damit er sich nicht erkältet.

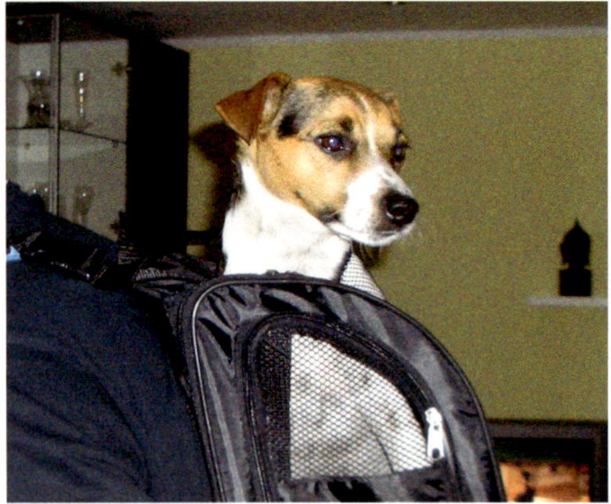

Leidet Ihr Russell unter körperlichen Beschwerden, ist es sinnvoll, auf Spaziergänge für den Notfall einen Hunderucksack mitzunehmen.

delnden Rentner an solchen Tagen also lieber auf die kühlen Morgen- und Abendstunden. Nach wie vor ein toller Sommersport für alte Russell Terrier ist Schwimmen. Der dabei ausgeführte gleichmäßige Bewegungsablauf schont den Kreislauf und die Gelenke. Hier kann Ihr Terrier auch sein Tempo und das Maß der Bewegung gut selbst bestimmen. Nichtschwimmer plantschen vielleicht lieber à la Kneipp. Nutzen Sie in der warmen Jahreszeit also jeden Bach oder Teich, an dem sie vorbeikommen. Vielleicht haben Sie die Möglichkeit Ihrem alten Freund im Garten einen Plastiksandkasten aufzustellen und mit Wasser zu füllen. Solch ein Planschbecken nutzen die Terrier gerne für regelmäßige Abkühlungen an heißen Sommertagen. Rubbeln Sie einen empfindlichen Hund an kühlen Tagen unbedingt gut trocken, denn Nässe und Wind führen schnell zu einer gefährlichen Lungenentzündung oder einem schmerzhaften Rheumaschub. Für die kalten Wintermonate gibt es inzwischen schon vereinzelt Hundeschwimmbäder; diese sind in der Regel einer Praxis für Tierphysiotherapie angeschlossen.
Leidet Ihr Vierbeiner bereits unter körperlichen Beschwerden, müssen Sie ihn dennoch nicht völlig ruhig stellen. Bei etlichen chronischen Erkrankungen trägt ein individuell abgestimmtes Mobilitätsprogramm oft sogar zur Besserung bei. In der Akutphase kann allerdings vorübergehende Ruhe nötig sein. Am besten besprechen Sie sich in einem solchen Fall mit Ihrem Tierarzt. Er klärt Sie je nach Art und Schwere des Leidens Ihres Russell Terriers darüber auf, welche Bewegungen erlaubt und welche verboten sind. Bei Krankheiten des Bewegungsapparates können auch eine gezielte Physiotherapie sowie das fachmännische Anlegen eines Körperbandes helfen.

Allroundhelfer „Spaziergang“

Regelmäßiges Spazierengehen ist für alte Hunde toll und sehr wichtig. Der Vierbeiner kann hier sein Tempo selbst bestimmen. Die Bewegungsabläufe sind in der Regel gleichmäßig. Außerdem hält ein Gang an der frischen Luft viele Sinneseindrücke parat: Ihr Senior hat Kontakt zu Artgenossen und zu anderen Menschen. Zudem nimmt er unterschiedliche Gerüche wahr („Zeitung lesen“). Und: Die Bewegung draußen bei jedem Wetter stärkt das Immunsystem. Ein Spaziergang wird abwechslungsreicher, wenn Sie unterwegs kleine Spielchen oder Gehorsamkeitsübungen einstreuen. Nehmen Sie es Ihrem Rentner aber nicht krumm, wenn er mal einen schlechteren Tag und somit keine Lust auf Gaudi hat. Stecken Sie zur Belohnung immer die Lieblingsleckerlis Ihres bellenden Freundes ein. Auch die regelmäßige Verabredung mit anderen Hundebesitzern macht die tägliche Bewegung kurzweiliger.

Beschäftigungstipps für Seniorhunde

Viele Hunde spielen noch bis ins hohe Alter, meist zwar nicht mehr mit Artgenossen, dafür aber in kurzen Sequenzen mit Herrchen oder Frauchen. Spielen macht dann nicht nur Spaß, sondern hat für ältere Vierbeiner sogar einen therapeutischen Nutzen: Es bedeutet Ablenkung von kleineren Alterswehwehchen sowie Stärkung des altersmäßig häufig angeknacksten Selbstbewusstseins, denn der bellende Senior steht plötzlich wieder ganz im Mittelpunkt und erhält viel Lob, das zu neuem Stolz verhilft. Viele Graue Schnauzen fallen durch ein lustiges Spiel sogar regelrecht in einen Jungbrunnen. Und: Hunde, die ihr Leben lang spielerisch gefordert wurden, bleiben generell länger fit und gesund. Selbstverständlich verlangt das Spielen mit älteren Vierbeinern erhöhte Rücksichtnahme auf den aktuellen Gesundheitszustand sowie die bis dahin erworbene Kondition. Diverse Zipperlein sind aber trotzdem noch kein Grund, generell auf Spiel und Spaß zu verzichten. Mit etwas Fantasie, viel Einfühlungsvermögen und Humor findet man genügend Möglichkeiten, auch einen Seniorhund alters angemessen zu fordern.

- *Haben Sie einen alternden, aber noch fitten Sportler im Haus, lassen Sie ihn über niedrige Hürden oder durch einen höhenverstellbaren Reifen springen. Letzterer lässt sich leicht aus einem Fahrradreifen, der in einen Skistock eingefädelt ist, selbst bauen.*

Mit Kreativität und Einfühlungsvermögen gibt es noch viele Möglichkeiten, einen älteren Hund schonend zu fordern.

Schnüffelspiele begeistern auch noch graue Schnauzen; wegen der im Alter nachlassenden Riechleistung Ihres Hundes, verwenden Sie am besten stark duftende Lockstoffe.

- *Apportieren steht bei vielen älteren Freaks noch hoch im Kurs. Mit Rücksicht auf den schon abgenützten Bewegungsapparat des Hundes sollten die zu bringenden Gegenstände allerdings wenig wiegen. Ansonsten sind Ihrer Fantasie kaum Grenzen gesetzt: Ob Gartenhandschuhe, Zeitung, Pantoffel oder Schirm, Ihr bellender Gentleman wird Sie sicherlich nicht enttäuschen.*

- *Bieten Sie Ihrem vierbeinigen Rentner außerdem Schnüffelspiele an, die seine Sinne und die Konzentrationsfähigkeit fördern. Da die Riechleistung im Alter abnimmt, sind stark duftende „Lockstoffe" wie getrockneter Pansen empfehlenswert, mit dem Sie beispielsweise eine Fährte durch den Garten legen können. Immer wieder beliebt ist auch das Hütchenspiel: Stellen Sie drei umgedrehte Plastikblumentöpfe in etwas Abstand nebeneinander auf; unter einen Topf legen Sie vor den Augen Ihres Vierbeiners ein Leckerchen; nun vertauschen Sie mehrmals durch Verschieben die Plätze der „Hütchen". Anschließend muss Ihr Senior die Leckerei finden.*

Ältere Hunde frieren leicht. Für sie kann unter Umständen ein schützendes Mäntelchen angebracht sein.

Achten Sie darauf, dass die Augen Ihres Hundes nicht tränen und entfernen Sie gegebenenfalls Krusten.

Beherrscht Ihr Russell Kunststückchen, fragen Sie diese immer wieder ab, denn das hält geistig fit. Hunde, die hier über Jahre hinweg trainiert wurden, lernen selbst noch im Alter problemlos neue Tricks. Aber auch für eher ungeübte Rentner ist eine Neueinstudierung leichter Übungen wie Pfotegeben oder „Sich-schlafend-Stellen" machbar und sinnvoll, denn durch Kopfarbeit bleiben ergraute Schnauzen deutlich länger jung. Selbst die wiederholte Abfrage des Grundgehorsams ist für alte Hunde eine wichtige Bestätigung.

Das gemeinsame Spielen mit einem Seniorhund bringt nicht nur viel Spaß und neue Lebensfreude, sondern schweißt Sie noch enger

Physiotherapie für daheim

- ✓ *Lassen Sie Ihren Hund abwechselnd Pfötchen geben: Dies löst Verspannungen im Schulterbereich und stärkt gleichzeitig die Muskulatur.*
- ✓ *Ein mehrmaliges „Sitz" und „Steh" im Wechsel entspricht den menschlichen Kniebeugen. Dadurch wird mehr Muskulatur in der Hinterhand aufgebaut.*
- ✓ *Pumpen Sie eine stoffbezogene Luftmatratze nicht ganz prall auf. Nun stellen Sie sich und Ihren Hund darauf und treten leicht auf der Stelle. Diese flexible Unterlage fördert den Gleichgewichtssinn Ihres Russell Terriers und wirkt muskelaufbauend.*
- ✓ *Ein Slalom durch Ihre Beine ist für Ihren Vierbeiner eine gute Dehnübung, da sich der gesamte Hundekörper dabei beidseitig leicht u-förmig dehnt.*
- ✓ *Ein kleiner Cavaletti-Lauf fördert die Konzentration, die Koordination und den Aufbau der Beinmuskulatur. Legen Sie hierfür eine Leiter oder einige Besenstiele etwas erhöht auf den Boden und achten Sie darauf, dass Ihr Gefährte ganz exakt und langsam eine Pfote nach der anderen in die Sprossenzwischenräume setzt.*

***Bitte denken Sie** bei den Übungen an das Loben und Leckerlis zur Belohnung, schließlich soll auch eine Physiotherapie Spaß machen!*

zu einem tollen Team zusammen. Nützen Sie die Zeit miteinander so lange es geht!

Pflege und Wellness

Richtig verwöhnen können Sie Ihren vierbeinigen Liebling mit einigen Anwendungen aus dem Wellnessbereich. So wird durch eine entspannende Bürstenmassage beispielsweise nicht nur abgestorbenes Haar herausgekämmt, sondern auch die vermehrte Durchblutung der Haut angeregt. Intensives Streicheln wirkt ebenfalls wie eine angenehme, vitalisierende Massage. Massieren Sie Ihren Russell Terrier sanft mit kreisförmigen Bewegungen. Lockernd wirkt ein leichtes Kneten und Rollen von Haut und Muskeln. Die Aromatherapie kann Hundesenioren zu neuer Energie verhelfen; sie stärkt den Kreislauf, aktiviert die Abwehrkräfte und fördert die seelische Ausgeglichenheit. Außerdem wird ihr eine besonders erfrischende Wirkung nachgesagt. Geben Sie einige Tropfen der ätherischen Öle entweder in eine Duftlampe, in ein Kräutersäckchen oder direkt auf den Liegeplatz des Hundes, allerdings sehr sparsam dosiert, damit die feine Hundenase den Geruch nicht als störend empfindet. Für ältere Vierbeiner sind Lavendel, Zitrone, Grapefruit, Orange, Geranium

Wellness à la Hund ...

Lassen Sie Ihren Russell gerade im Alter regelmäßig von einem Tierarzt untersuchen.

und Muskatellersalbei empfehlenswert, denn sie haben auf den gesamten Organismus eine stärkende und aufbauende Wirkung.

Mit alternativen Heilmethoden zu neuer Lebensqualität

Bei manchen Altersbeschwerden können Hunden unterschiedliche Verfahren aus der Naturheilkunde helfen. So hält die Homöopathie mit Präparaten wie Echinacea zur Stärkung der Abwehrkräfte, Crataegus zur Anregung und Stabilisierung der Herztätigkeit und Vermiculite gegen Zahnstein und Zahnfleischentzündungen bewährte Mittel bereit. Bachblüten helfen bei Tieren mit altersbedingten Wesensveränderungen. Um das richtige Präparat für Ihren Hund zu finden, besprechen Sie sich am besten mit einem naturheilkundlich erfahrenen Tierarzt. In der Schmerztherapie erzielt die Akupunktur sehr gute Erfolge. Schmerzmittel lassen sich dadurch meist deutlich reduzieren, manchmal werden sie sogar gänzlich überflüssig. Die Akupressur ist eine Abwandlung der Akupunktur; hier ersetzen die Berührung und der Druck der Finger die Nadeln. Dies wirkt sich nicht nur sehr positiv und entspannend auf den Körper aus,

Pflege-Tipps für Seniorhunde

- ✓ *Bürsten bzw. kämmen Sie Ihren Russell Terrier regelmäßig.*
- ✓ *Kontrollieren Sie die Haut auf Veränderungen und eventuelle Liegeschwielen, außerdem die Krallen.*
- ✓ *Regelmäßige Zahnkontrolle sowie Zähneputzen sind empfehlenswert, denn Prophylaxe schützt wirksam vor vielen Zahnproblemen.*
- ✓ *Tasten Sie Ihren Senior wöchentlich nach eventuellen Veränderungen ab.*
- ✓ *Reinigen Sie regelmäßig Augen, Ohren, Scham bzw. Penis.*
- ✓ *Lassen Sie auch den älteren Russell Terrier alle drei bis vier Monate auf einen Wurmbefall hin untersuchen.*
- ✓ *Rauchen Sie nicht in der Gegenwart Ihres Hundes, denn Passivrauchen beschleunigt den Alterungsprozess.*
- ✓ *Geben Sie Ihrem Vierbeiner einen warmen, weichen und vor Zugluft geschützten Schlafplatz, den Sie hygienisch sauber halten.*
- ✓ *Gehen Sie ein- bis zweimal im Jahr mit Ihrem Hund zur Altersvorsorgeuntersuchung zu Ihrem Tierarzt.*

sondern auch auf die Seele des Vierbeiners. Einfache Hausmittel tun Ihrem Hundesenior ebenfalls gut. Leidet Ihr Russell beispielsweise an Rheuma, legen Sie eine Wärmflasche oder ein erwärmtes Dinkel- oder Kirschkernkissen in den Hundekorb; ein auf diese Weise vorgewärmtes Körbchen wirkt sich auch bei Hunden mit Gelenkproblemen sehr positiv aus. Bekommt Ihr bellender Senior nach einer längeren Wanderung Muskelkater, schaffen Einreibungen und Umschläge mit Arnikasalbe oder verdünnter -tinktur Erleichterung. In der kalten Jahreszeit bewährt sich diese Behandlung ebenfalls bei älteren Hunden mit rheumatischen Muskel- oder Gelenkbeschwerden.

Ein weiteres sehr breites Heilungsspektrum bietet die Physiotherapie, die neben spezieller Krankengymnastik diverse Wasser-, Massage- und Magnetfeldtherapien beinhaltet. Lassen Sie also Ihren vierbeinigen Senior im Fall der Fälle neben dem eigenen Verwöhnprogramm auch von den therapeutischen Fortschritten der Tiermedizin profitieren. Er hat es sich nach Jahren treuer Freundschaft redlich verdient!

Ernährungstipps

Natürlich darf eine dem Alter entsprechend angepasste Ernährung nicht fehlen. Stellen Sie Ihren Russell Terrier langsam auf eine leichtere, energieärmere Nahrung um, damit er nicht übergewichtig und dadurch zusätzlich träge wird; immerhin sinkt der Energiebedarf Ihres Hundes im Alter um etwa 20 %. Füttern Sie nun zwei- bis dreimal am Tag, denn mehrere kleine Portionen sind leichter zu verdauen als eine Große. Achten Sie unbedingt auf die Linie Ihres Russells, denn schlanke Hunde sind gesünder und leben länger. Im Fachhandel erhalten Sie spezielles Seniorfutter, das extra auf die Bedürfnisse und den verlangsamten Stoffwechsel alter Hunde abgestimmt ist. Bei diversen Erkrankungen bekommen Sie ein genau abgestimmtes Diätfutter über den Zoofachhandel oder Ihren Tierarzt. Allgemein sollte Seniorfutter besonders schmackhaft und hochverdaulich sein. Geben Sie keine Nahrungsergänzungsmittel (Vitamine, Mineralstoffe), ohne es vorher mit Ihrem Tierarzt abgesprochen zu haben, denn auch Vitamine oder Mineralien können überdosiert schaden. Täglich frisches Trinkwasser darf natürlich nicht fehlen. Hat Ihr Hund deutlich weniger Durst, stellen Sie ihn auf Nassfutter (Dosenfutter) um oder mischen Sie seinem herkömmlichen Futter zusätzlich Wasser bei, damit er

Extra-Tipp

Füttern Sie im Sommer nicht in der größten Mittagshitze: ein voller Bauch wirkt bei großer Hitze zusätzlich kreislaufbelastend. Lassen Sie Ihren Senior nach dem Fressen mindestens 1 Stunde ruhen.

nach wie vor ausreichend mit Flüssigkeit versorgt wird.

Stecken Sie Ihrem Vierbeiner keine Süßigkeiten und Essensreste zu; dies wäre falsch verstandenes Verwöhnen und schadet älteren Hunden besonders. Belohnen Sie nur mit echten Hundeleckerlis; inzwischen gibt es sogar schon Leckereien in Senior- oder Lightqualität.

Ist der Blick Ihres Vierbeiners noch so herzerweichend, stecken Sie ihm auch im Alter keine Süßigkeiten und Essensreste von Ihnen zu.

Leckerli-Spaß für Seniorhunde

Möchten Sie Ihren Russel-Terrier-Rentner mal mit selbst gebackenen Leckerlis verwöhnen, dann probieren Sie folgendes Rezept aus.

Sie benötigen folgende Zutaten:

100 g feine Senior-Hundeflocken
2 Eier
4 TL Senior-Dosenfutter

Alle Zutaten werden in einer Schüssel zu einem Teig verarbeitet. Daraus formen Sie nun kleine Bällchen, legen diese auf ein mit Backpapier ausgelegtes Backblech und lassen sie ca. 35 Minuten bei 175 °C im bereits vorgeheizten Backofen fest werden.

Dieses Rezept ist für jeden Hundetyp geeignet, denn ganz gleich, ob er Diätfutter braucht oder in Bezug auf Leckerli besonders wählerisch ist, Sie können dafür Ihr ganz normales tägliches Hundefutter verwenden. Füttern Sie normalerweise keine feinen Flocken, sondern gröberes Futter, wird dies vorher einfach in einer Küchenmaschine zerkleinert.

Damit der Spaß komplett wird, kann sich der Vierbeiner seine „Plätzchen" erarbeiten; dazu darf natürlich die richtige Verpackung nicht fehlen. Hier empfiehlt sich beispielsweise eine kleine Papiertüte oder ein ausrangiertes Stofftaschentuch. Aber auch ein alter Socken birgt, mit den Leckerlis gefüllt, einen großen Auspackspaß für den Hund und ist, geleert, anschließend auch noch ein tolles Spielzeug. Eine weitere geeignete Verpackung ist eine kleine Schachtel, beispielsweise von einer Glühbirne, oder einfach nur altes Zeitungspapier.

Abschied

Ein Hundeleben währt leider nicht ewig und so ist auch irgendwann nach Jahren des gemeinsamen Zusammenlebens die Zeit des Abschieds gekommen. Manche Senioren schlafen einfach friedlich ein. Häufig jedoch wird der Hundebesitzer in die verantwortungsvolle Pflicht genommen, über Leben und Tod des Hundes selbst zu entscheiden. Leidet Ihr Russell Terrier und wird ihm das Leben zur Qual, weil selbst die Tiermedizin an ihre Grenzen kommt und ihm seine Schmerzen nicht mehr nehmen kann, ist es an der Zeit, ihn von seinem Leiden zu erlösen. Viele Tierärzte kommen hierfür auch zu Ihnen nach Hause, damit dem gebrechlichen Vierbeiner weiterer Stress durch einen unnötigen Transport erspart bleibt und er in seiner gewohnten Umgebung ruhig und würdevoll für immer einschlafen darf.

Tierbestattungen

Adressen von Tierfriedhöfen und -krematorien in Ihrer Nähe bekommen Sie über den Bundesverband der Tierbestatter e. V.:
www.tierbestatter-bundesverband.de
Eventuell können Ihnen aber auch Ihr Tierarzt oder der örtliche Tierschutzverein weiterhelfen.

Der Abschied von Ihrem langjährigen, treuen Begleiter ist natürlich mit großer Trauer verbunden. Haben Sie sich jedoch sein Hundeleben lang auf seine Bedürfnisse eingestellt und waren Sie in guten wie in schlechten Zeiten für ihn dar, ist die Gewissheit eines erfüllten, tollen Hundelebens, das Ihr Russell bei Ihnen hatte, vielleicht ein kleiner Trost. Da die Trauer um einen geliebten Vierbeiner nicht zu unterschätzen ist, gibt es inzwischen in vielen Orten Tierfriedhöfe oder -krematorien, die durch einen ganz bewussten Abschied und einen festen Ort der Trauer, den man jederzeit besuchen kann, die Trauerarbeit und das Loslassen erleichtern.

Natürlich wird Ihr verstorbener PRT oder JRT unersetzlich bleiben, trotzdem stellt sich Ihnen nach einiger Zeit vielleicht wieder die Frage nach einem neuen Hund. Stimmen auch dann noch alle Voraussetzungen für eine Anschaffung, ehren Sie das Andenken an Ihren Vierbeiner, indem Sie sich einen neuen Russell anschaffen. Doch machen Sie nicht den Fehler, ihn mit Ihrem vorigen Hund zu vergleichen. Jeder Russell Terrier ist absolut einmalig und auf seine ganz eigene Weise liebenswert.

Vergleichen Sie Ihren Russell nicht mit einem Ihrer vorhergehenden Hunde, schließlich ist jeder Vierbeiner ein ganz eigenes, einmaliges Individuum.

Hilfreiche Adressen und Links

Rassezuchtvereine Deutschland

Parson Russell Terrier Club Deutschland e.V. (PRTCD)
Dr. Manfred Buchte (Hauptzuchtwart/Welpenvermittlung)
Zörbiger Str. 1
D-06369 Radegast
Tel: 034978-307 09

Andreas Heidenreich (Zuchtbuchstelle/Welpenvermittlung)
Schmiedeweg 4
D-31855 Aerzen
Tel: 05158-992 00 20
Fax: 05158-992 00 21
www.prtcd.de

Klub für Terrier e.V. (KfT)
Mikela Haustein
(Rassebeauftragte JRT)
Bahnhofstr. 31
D-61194 Niddatal
Tel: 06034-22 58

Christine Tust (Rassebeauftragte PRT)
Elsa-Brandström-Str. 30
D-31185 Söhlde
Tel: 05129-96 25 00
Fax: 05129-96 25 02
www.kft-online.de

Österreich

Parson und Jack Russell Terrier Club Österreich
Andrea Konrad
(Welpenvermittlung)
Hagedornweg 2/16
A-1220 Wien
Tel: 0043-(0)699-10 69 64 51
www.pjrt.at

Schweiz

Russell Terrier Club Schweiz (RTC-CH)
Dr. med. vet. Jörg Willi
(Präsident/Rasseinformationen)
Horwerstr. 6
CH-6005 Luzern
Tel: 0041-(0)41-310 32 18
www.russellterrierclub.ch

Kynologenverbände

Verband für das Deutsche Hundewesen (VDH)
Westfalendamm 174
(Geschäftsstelle)
D-44141 Dortmund
Tel: 0231-565 00-0
Fax: 0231-59 24 40
www.vdh.de

Jagdgebrauchshundeverband e.V. (JGHV)
Dr. Lutz Frank (GeschäftsHalter)
Neue Siedlung 6
15938 Drahnsdorf
Tel: 035453-215
Fax: 035453-262
www.jghv.de

Österreichischer Kynologenverband (ÖKV)
Siegfried-Marcus-Straße 7
(Geschäftsstelle)
A-2362 Biedermannsdorf
Tel: 0043-(0)2236-71 06 67
Fax: 0043-(0)02236-71 06 67-30
www.oekv.at

Schweizerische Kynologische Gesellschaft (SKG)
Brunnmattstrasse 24
(Geschäftsstelle)
CH-3007 Bern
Tel: 0041-(0)31-306 62 62
Fax: 0041-(0)31-306 62 60
www.hundeweb.org

Haustierregister

Deutscher Tierschutzbund e.V.
Baumschulallee 15
(Geschäftsstelle)
D-53115 Bonn
Tel: 0228-60 49 60
Fax: 0228-60 49 640
www.tierschutzbund.de

TASSO e.V.
Haustierzentralregister
Frankfurter Straße 20
D-65795 Hattersheim
Tel: 06190-93 73 00
Fax: 06190-93 74 00
www.tiernotruf.org

Internationale Zentrale Tierregistrierung (IFTA)
Nördliche Ringstraße 10
D-91126 Schwabach
Tel: 00800-43 82 00 00
Fax: 09122-88 51 989
www.tierregistrierung.de

Interessante Links zu Internetseiten rund um den Hund:

www.partner-hund.de
www.hundefinder.de/hundeschulen
www.ferien-mit-hund.de
www.flughund.de
www.haustierratgeber.de

Der Verlag ist nicht für den Inhalt von Internetseiten und deren Links verantwortlich

Dank

Mein besonderer Dank gilt Susanne Schmitt und ihrem Zwinger „Hitzblitz“ (www.hitzblitz.de) für die fachliche Mitarbeit und Beratung.
Ein großer Dank geht außerdem an Christine Steimer (www.tierfotografie-steimer.de) für ihre einmaligen, direkt aus dem Leben gegriffenen Fotos. Ihre Bilder stellen immer wieder eine große Bereicherung für die Premium-Ratgeber-Reihe dar.
Danke auch allen zwei- und vierbeinigen Modells, die sich netterweise für Fotoaufnahmen zur Verfügung gestellt haben. Herzlichen Dank Christoph Köhne, Susanne Bielak und Joschi für ihre Unterstützung.
Ein weiteres dickes Dankeschön geht an Ingrid Heindl (www.tierphysiotherapie-bayern.de) und Dr. med. vet. Susanne Winhart: ihr fachlicher und persönlicher Rat ist mir stets eine große Hilfe.
Außerdem gilt mein herzlicher Dank Familie Schmitt und Tobias Volg für ihren steten Rückhalt in allen Fragen und Bereichen sowie meinen Redaktionshunden „Luzie“ und „Peggy“ für ihr beruhigendes Schnarchen während meiner Arbeit und unsere gemeinsamen, entspannenden Spaziergänge und Spielrunden zwischendurch.

Annette Schmitt

Bildnachweis

Alle Bilder von Christine Steimer, außer:
Annette Schmitt, Seiten: 29 unten, 42 unten, 67 unten, 73 unten rechts, 74(2), 75 oben rechts u. unten, 76 unten links, 79 rechts, 80 oben, 92 unten, 101 oben, 102 rechts, 113 oben, 118, 123 unten
Trixie, Seiten: 23(1), 38(3), 39(2), 40(3), 41(5), 48(1), 52(3), 61(1), 70(1), 71(1), 72(2), 73(1), 77(1), 80(1), 111(1

Register

Hinweis: Die in diesem Buch enthaltenen Empfehlungen und Angaben sind von den Autoren mit größter Sorgfalt zusammengestellt und geprüft worden. Eine Garantie für die Richtigkeit der Angaben kann aber nicht gegeben werden. Autoren und Verlag übernehmen keinerlei Haftung für Schäden und Unfälle. Der Leser sollte bei der Anwendung der in diesem Buch enthaltenen Empfehlungen sein persönliches Urteilsvermögen einsetzen.

Impressum

Bibliografische Information der Deutschen Nationalbibliothek
Die Deutsche Nationalbibliothek verzeichnet diese Publikation in der Deutschen Nationalbibliografie; detaillierte bibliografische Daten sind im Internet über http://dnb.d-nb.de abrufbar.

Wollgrasweg 41, 70599 Stuttgart (Hohenheim)
E-Mail: info@ulmer.de
Internet: www.ulmer.de
Umschlagentwurf: Sojus Design, Kai Twelbeck, Stuttgart
Titelfoto: Christine Steimer
Satz: r&p digitale medien, Echterdingen
Repro: Timeray, Herrenberg
Druck und Bindung: Firmengruppe Appl, aprinta Druck, Wemding, Germany
Printed in Germany

ISBN 978-3-8001-6735-7

Tierisch gute Hundebücher.

Wer seine Leidenschaft für Hunde entdeckt hat, schätzt hier die interessanten und anregenden Informationen rund um den treuen Vierbeiner. Der Verlag Eugen Ulmer bietet Ihnen Fakten von A-Z.

Das große Ulmer Hundebuch.

Heike Schmidt-Röger
2008. 272 S., 280 Farbf., geb.
ISBN 978-3-8001-5376-3

400 Hunderassen von A-Z.

Gabriele Lehari
2009. 255 S., 400 Farbf., geb.
ISBN 978-3-8001-5661-0.

Körpersprache des Hundes.

Frauke Ohl
2., erweiterte Aufl. 2006. 104 S., 65 Farbf., 22 Zeichn., geb.
ISBN 978-3-8001-4926-1.

Hunde pflegen.

Einfach - richtig - schön.

Anna Laukner
2009. 64 S., 70 Farbf., kart.
ISBN 978-3-8001-5795-2.

Ganz nah dran.